S'il te plaît,
dessine-moi...
un ingénieur

OUVRAGES DU MÊME AUTEUR
édités par la Société des anciens élèves de l'École nationale supérieure d'arts et métiers

La nouvelle dynamique de l'emploi des ingénieurs
(octobre 1995)

La dynamique de l'emploi des ingénieurs
(mars 1996)

Claude Heumez
Ingénieur Arts et Métiers

S'il te plaît, dessine-moi... un ingénieur

1997
Société des anciens élèves de l'École nationale supérieure d'arts et métiers, 9 bis avenue d'Iéna, 75783 Paris cedex 16

ISBN : 2-9509001-2-7, EAN : 9782950900128

À mon épouse
et à mes filles.

A l'ami COMPAGNON
avec mes meilleurs vœux
de réussite

18/11/97

PRÉFACE

La complexité a pris nos sociétés en otages. De fait, elle les force à livrer des formes nouvelles de créativité, à inventer d'autres logiques, d'autres comportements, à établir des relations de travail pluriculturelles, plurinationales.

Aujourd'hui, aucun problème de sociétés, aucun de leurs malaises ne peuvent entraîner de réponse lapidaire. De même, aucun objectif d'entreprise ne peut plus être fixé sans que, préalablement, n'ait été considérée, évaluée, la capacité de réaction d'un environnement devenu multiforme, de plus en plus soumis à la rapacité financière, par conséquent agressif par nécessité vitale.

Aussi, que de défis à relever ! Que de repères à construire ou simplement à retrouver pour que l'homme puisse, dans cette transformation radicale, se reconnaître et apprécier son congénère de quelque horizon qu'il vienne ! Que d'imagination à solliciter et à laisser s'exprimer pour que ce monde qui semble lui échapper lui donne les clefs de cet inconnu futur, lequel se dérobe encore à sa perception ! Comment ce monde-là peut-il ouvrir à l'homme les portes de son devenir ?

D'où le titre de l'ouvrage de Claude Heumez, inspiré en l'occurrence par Saint-Exupéry : «S'il te plaît, dessine-moi... un ingénieur».

Responsable du service Emploi-Carrières de la Société des ingénieurs Arts et Métiers, ancien haut dirigeant d'entreprises importantes, l'auteur aurait pu opter pour une simple interrogation : «Comment devient-on ingénieur ?», et livrer un ouvrage fondé sur la démarche «Suivez le guide». Non point. Dans ce roman vraisemblablement en grande partie autobiographique, Claude Heumez invite à une recherche permanente et à un questionnement, auquel un homme de très grande expérience peut répondre par la transmission de son vécu qui, lui-même, ouvre d'autres pistes.

Si concevoir un enfant est à la portée de tous, faire de cet enfant un homme ou une femme est un exploit, et former un ingénieur une problématique. Quant à parvenir à faire de l'ingénieur un humaniste, c'est là un mélange complexe de prédisposition naturelle, de culture et d'ingrédients subtils.

«S'il te plaît, dessine-moi… un ingénieur». À l'instar du Petit Prince de Saint-Exupéry, c'est peut-être le dessin le plus déconcertant ou la réponse la plus inattendue qui fera surgir en vous le désir d'embrasser une carrière guidée par le maître-mot : flexibilité. Vous emboîterez alors le pas à Marc Vernon, héros de ce roman, avec vos propres outils et votre conception personnelle de l'œuvre à accomplir.

Quoi qu'il en soit, vous garderez toujours en mémoire Marc et son expérience. L'un et l'autre vous serviront de repères et vous aideront, de ce fait, à ancrer votre conception du rôle de l'ingénieur dans nos sociétés économico-industrielles. Celles-ci, en effet, sont trop souvent oublieuses de la dimension humaine, pourtant véritable – sinon seule et irremplaçable – richesse de notre planète.

«S'il te plaît, dessine-moi… un ingénieur» répond au cri d'un nombre sans cesse croissant d'hommes et de femmes malmenés, meurtris par de chirurgicales décisions et par l'inéluctable bouleversement sociétal. Le titre de l'ouvrage de Claude Heumez peut masquer une autre attente : «Dessine-moi le monde dans lequel je devrais exister», et encore une autre : «Dessine-moi l'espoir, la vie et la passion d'exercer». À cela, pas de réponse, ou encore trop de questions demeurant en suspens. Mais Marc Vernon réussit à insuffler le goût de participer toujours et encore, afin de ne pas subir – ou de parvenir à lisser – les effets de certains revirements. Il sait maîtriser la subtilité du refus et la force du défi, tout en ménageant l'équilibre familial. Alchimie de l'action qui donne les belles carrières et un sens à l'existence, mais où l'ami courage et le cousin loyauté ont, inévitablement, leur part. Tout cela est suggéré par l'auteur de cet ouvrage que j'aimerais tant voir entre les mains de tous les jeunes. Ils y découvriront nombre de pistes. À eux d'être assez imaginatifs pour dessiner la suite.

Mais après lecture de ce roman, leurs aînés doivent s'attendre à accepter d'autres impératifs : «Dessine-moi un patron»; «S'il te plaît, dessine-moi un politique». Car si je sais maintenant comment dessiner un excellent ingénieur, je ne sais pas si je pourrai accepter les deux autres dessins sans y apporter des modifications de fond !

Comme on le voit, l'ouvrage de Claude Heumez ouvre des pans entiers de réflexion auxquels il est urgent de s'atteler. Car l'ingénieur, dont le dessin répondra aux exigences à venir, devra également s'investir en tant que citoyen pour affirmer son dessein et ainsi peser sur son siècle.

La technique, l'économique, le social seront certes ses partenaires de travail naturels, mais ne devront pas retenir immergés en lui, sa lucidité, sa vigilance, sa combativité, son sens de la solidarité. De ces critères dépendra sa liberté. Et celle-ci, devenant objectif de vie, rendra l'ingénieur-citoyen comptable du niveau de qualité de la société dans laquelle il vivra et qu'il lèguera à ses descendants. Sa responsabilité ne se limitera pas aux pouvoirs de séduction de son savoir ou de son savoir-faire. Elle exigera de lui d'en fixer les limites, afin d'éviter que l'homme ne soit la victime des progrès à venir, paradoxe douloureux de nos sociétés actuelles.

Lourde tâche pour laquelle procuration ne peut être donnée, et qui ne peut être abandonnée à quelque caste déconnectée des réalités de terrain !

Jacqueline Delatte,
rédacteur en chef
d'Arts et Métiers Magazine

Quand quelqu'un montre la lune du doigt,
les imbéciles regardent le doigt !
Proverbe chinois

«Had everyone behaved exactly like his father,
we should be still climbing cocotrees»
Si chacun se comportait exactement comme son père,
nous serions encore en train de monter aux cocotiers
Charles Darwin
(1809-1882, naturaliste anglais)

AVANT-PROPOS

Trop nombreux sont les étudiants qui se présentent aux concours des grandes écoles d'ingénieurs en ne prenant en considération que la réputation de ces centres de formation, souvent bicentenaires pour les plus connus. Fréquemment, ces jeunes ignorent ce que peut être la vie d'un ingénieur. Ils sont doués en mathématiques et en sciences physiques. Cela leur suffit pour intégrer la filière des préparations qui leur sont offertes.

Qu'est-ce que l'industrie ? Mystère !

Quid des services de production, des spécificités d'un département méthodes ? Marc de café ! Bureau d'études, recherche et développement, laboratoire, essais ? Boule de cristal ! Tous mots recouvrant des images floues. Le technico-commercial ? L'ingénieur d'affaires ? Le consultant ? De flatteuses appellations. Mais à quoi correspondent-elles réellement ?

Après leur succès aux concours d'entrée, ces mêmes étudiants se retrouvent sur les gradins des amphithéâtres. Ils ont à construire très rapidement leur stratégie d'approche de l'industrie par la détermination des stages à effectuer, par les thèmes des thèses de fin d'études à choisir. C'est précisément à cet endroit que le bât blesse : ils ne savent pas en effet ce que peut être la carrière d'un ingénieur, comment elle se déroule, quels sont ses différentes orientations, ses aléas, ses dangers, les intenses satisfactions qu'elle peut procurer et les blessures qu'elle est capable d'infliger.

Ce livre est donc destiné à leur apporter un certain nombre d'éclairages, assurément non exhaustifs. Il est rédigé par un ingénieur connaissant évidemment bien son propre cursus, ayant également une idée assez précise de celui de ses camarades de promotion. Ce cadre a apprécié l'évolution de la situation de ses collaborateurs, a observé les réactions de ses supérieurs hiérarchiques, mais ne peut prétendre tirer des lois générales de l'ensemble des cas particuliers qui ont formé la trame de sa vie industrielle. L'auteur souhaite seulement léguer un témoignage à ses cadets.

S'IL TE PLAÎT, DESSINE-MOI... UN INGÉNIEUR

Paris, la cité universitaire en automne... Le tapis de feuilles mortes bruisse doucement sous ses pas. L'air sec et froid le fait frissonner. Sans doute aussi, les souvenirs qui l'assaillent dans ce grand parc, tant fréquenté il y a une quarantaine d'années. Marc Vernon s'interroge. Qu'est-il venu chercher ici, en ce dimanche d'octobre ?

Il vient de conduire sa femme et ses filles dans leur maison de campagne, pour quelques jours de détente. Ayant un rendez-vous d'affaires incontournable le lundi, il a repris la route, et rejoint Paris le dimanche matin de manière à éviter les encombrements.

Pourquoi se sent-il mélancolique ? Pourquoi ce vague à l'âme ? Est-ce la soixantaine, qu'il vient de franchir ? Il ne sait. Mais après avoir parcouru en voiture les Champs-Élysées, le Quartier latin l'attire. Sans but réellement précis, il longe le jardin du Luxembourg, passe devant l'Observatoire, contourne le lion de Belfort, descend l'avenue du Général Leclerc. Arrivé là, il tourne sans hésiter à gauche : il a désormais compris où il va. Il se gare devant le pavillon des États-Unis, revient vers les grandes grilles d'entrée de la cité universitaire, devant le pavillon international. Le cœur un peu serré, il monte les quelques marches, et commence sa quête de souvenirs.

Marc Vernon est maintenant conscient qu'il est parti à la rencontre des événements ayant tissé la trame de sa vie.

La recherche des stages

Aux toutes premières lueurs du jour, Marc, encore jeune élève-ingénieur, fait les cent pas aux halles de Paris. Son problème est de trouver un camion lui permettant de rejoindre Lyon, pour effectuer son stage d'ouvrier sur les chaînes de fabrication des camions Berliet (depuis devenu RVI, Renault Véhicules industriels).

Quel mal s'est-il donné pour le trouver, ce premier stage ! Que de visites infructueuses et d'échecs décourageants ! Car il s'était fixé deux impératifs : trouver un travail intéressant et formateur dans l'industrie automobile de série, et être rémunéré, ce qui n'était certes pas évident. Bien sûr, des stages «gratuits», il n'aurait eu aucune difficulté à en trouver des dizaines. Mais il doit équilibrer son budget, et vivre pendant un mois du seul fruit de son travail. Par l'intermédiaire d'un concessionnaire Berliet ami de sa famille, il a réussi enfin à obtenir un stage rémunéré à la moitié d'un salaire ouvrier de cette époque.

Vivre pendant un mois sur cette base financière réduite, en payant un loyer, la nourriture, le transport, représente une gageure pour le moins intéressante ! C'est là son premier pari d'homme, et il a bien l'intention de le tenir. À force de quémander aux routiers des halles de Paris un passage Paris-Lyon gratuit, il découvre enfin le chauffeur sympa :

– Dans la benne, mon gars, entre les casiers vides des choux-fleurs que j'ai livrés. Sauf si je trouve du fret de retour. Tu viens dans deux heures.

Deux heures après, heureusement pour lui, notre élève-ingénieur se trouve brinquebalé sur les cahots de la nationale 7 (l'autoroute n'existe pas encore !).

Il arrive à Lyon à la tombée de la nuit. Mais où diable coucher ? Pas question d'hôtel, bien entendu. Trop cher ! Trop tard pour dénicher une chambrette chez l'habitant.

C'est alors le premier contact avec le bois dur d'un banc du quai du Rhône, avec le sac de voyage comme oreiller, à la belle étoile !

Le lendemain, avenue Berthelot, direction Vénissieux, il entreprend un porte-à-porte systématique pour la recherche d'un logement, particulièrement dans les bistrots (ou «bouchons» lyonnais, ainsi nommés en souvenir des bouchons de paille que les gargotiers des siècles passés pendaient à leur porte pour que les cavaliers bouchonnent leurs chevaux, avant de se désaltérer d'un petit côte-du-Rhône bien frais).

Enfin la chambre à «quelques francs» se présente. Une chambre ? Un réduit plutôt : trois mètres sur deux, un mètre soixante de hauteur, avec une trappe d'un mètre pour entrer à quatre pattes, un broc et un seau !

Tope-là, l'affaire est conclue. Souvent Marc se lève le matin tout embrumé des limbes de la nuit et déploie son corps d'un mètre quatre-vingts, en ayant totalement oublié que le plafond de son réduit se trouve à seulement un mètre soixante du plancher ! L'important est qu'il soit logé à très peu de frais, même si son crâne porte quelques bosses douloureuses.

Au service du personnel des usines Berliet, un stage d'ouvrier sur chaîne lui est octroyé. Après discussion, il obtient qu'il ne s'agisse pas d'un poste fixe, mais d'une remontée progressive de la chaîne d'assemblage des camions, depuis la pose des essieux arrières jusqu'au réglage moteur à la sortie de chaîne, à raison d'un poste par jour.

Marc, en bleu d'atelier, muni d'une caisse à outils qu'un magasinier lui a délivrée, a pour première tâche de visser les brides enserrant les lames de ressorts sur les essieux arrières du châssis, à l'aide d'une longue clé dynamométrique à cliquet (d'au moins un mètre cinquante de longueur !). Tel le chameau tournant autour du puits de la ville de Kairouan, pour en remonter l'eau, il fait effectuer à cette clé une rotation de 180°, et revient inlassablement en arrière grâce au cliquet, jusqu'à ce que le réglage dynamométrique se déclenche en mettant la clef en roue libre. Le jeu de la marche semi-circulaire, au bout de ce levier d'un mètre cinquante, se trouve compliqué par la vitesse d'avancement de la chaîne qui, sans être exagérée, oblige à tenir «la cadence». Après huit heures de ces efforts de galérien, Marc le stagiaire commence à comprendre ce que signifie l'expression «condition ouvrière». Jour après jour, il remonte la chaîne de production, vissant par-ci, rivetant par-là, fixant le tuyau d'échappement couché sous le châssis, enclenchant l'arbre du différentiel, connectant les fils électriques de couleur aux bornes de la dynamo, subissant constamment la peur du retard, soumis à la hantise de la cadence. Bien que ce ne soit pas le rythme fou de Charlie Chaplin dans son film *Les Temps modernes*, il ne faut pas se relâcher une minute; sinon, il devient impératif de suivre la chaîne pour rattraper le montage inachevé, en se bousculant avec l'ouvrier responsable du poste suivant.

Pendant trois semaines, Marc, l'apprenti ingénieur, effectue ces travaux ingrats, répétitifs et fatigants. Ayant son permis poids lourd, la quatrième semaine, il devient «assassin», c'est-à-dire essayeur sur piste. Le châssis du camion reçoit à la sortie de chaîne dix tonnes de gueuses de fonte déposées par un pont roulant. Contact moteur, et vogue la galère. Au volant de ce camion nouvellement assemblé, Marc s'élance sur la piste d'essai à la vitesse maximale du poids lourd, 72 km/h. Il est alors censé détecter tous les dysfonctionnements, vibrations anarchiques, fuites d'air du circuit Westinghouse, grincements de la boîte de vitesses, jeu dans la direction, déport au freinage, etc. En tant que néophyte, il est l'objet de toutes les plaisanteries des «assassins» professionnels, telles que freinage brutal devant son nez, déport du véhicule suivi à l'instant du dépassement, et autres acrobaties.

Mais parallèlement, il vit une aventure enrichissante. Dépourvu d'argent, il ne mange qu'un soir sur deux, dans une gargote; il en fait la confidence à un vieux contremaître sympathique. À la cantine, le midi, les ouvriers de sa table réduisent leur part et surchargent son assiette quand ils savent qu'il ne dînera pas le soir. Un jour, il se fait voler sa boîte à outils, et le magasinier lui en réclame le montant, plus élevé que son maigre salaire. Les ouvriers de la chaîne se cotisent et payent la boîte à outils dérobée. Ce jour-là, Marc Vernon apprend ce que le mot «solidarité» veut dire et acquiert, à vie, le respect des hommes qu'il sait devoir commander plus tard.

Lorsqu'il réintègre son école d'ingénieurs à Lille, il a dès lors une idée de la condition ouvrière, il a observé la lourde emprise de la cadence d'une chaîne d'assemblage sur l'homme, il sait quels liens étroits soudent les membres d'une équipe de travail. Il n'oubliera jamais cette première expérience. Il exigera ultérieurement beaucoup plus de sa hiérarchie que des ouvriers, pour lesquels il aura toujours une réelle considération. C'est pourquoi, en début de carrière, au service méthodes de la première société qui l'accueillera, il réfrénera l'enthousiasme des chronométreurs qui décomposent par phases un peu trop serrées la gestuelle d'un poste de travail.

Un an plus tard, Marc Vernon, élève de fin de seconde année, se retrouve au Havre dans une grande entreprise de travaux publics, en charge de la reconstruction des quais du port détruits par les bombardements. Il a acquis, lors de son premier stage, une certaine vision de l'industrie automobile, et désire diversifier ses expériences en travaillant un mois dans le BTP.

Le premier travail qui lui est confié ne l'enthousiasme pas, d'autant plus qu'il s'effectue de nuit. Il s'agit de contrôler la viscosité du béton, c'est-à-dire sa composition ciment, gravier, sable, eau, en «jouant» à faire des petits pâtés avec un instrument ultra-simple : un entonnoir trapézoïdal, dont la grande ouverture est plaquée au sol, le petit orifice opposé permettant d'emplir de béton ce tronc de cône. L'instrument est alors soulevé comme le seau d'un enfant sur la plage, le béton s'affaisse en formant un dôme aplati, et le stagiaire en mesure la hauteur à l'aide d'une fine tige graduée. Cette hauteur doit être comprise entre un minimum et un maximum, afin que le béton soit déclaré bon pour l'emploi. Le pont roulant dépose près de

Marc, toute la nuit, de grandes poches de béton, qu'il est chargé d'accepter ou refuser.

Notre ingénieur en herbe comprend alors ce qu'est le poids de la responsabilité.

Ce travail, simple, doit être conduit avec le plus grand sérieux, afin de parer au risque d'utiliser un mauvais béton pour la production des dalles préfabriquées destinées aux quais : d'où des dangers de fissures, de ruptures ou d'affaissements. Pourquoi employer un ingénieur stagiaire pour assurer un tel travail ? Il s'agit d'un stage ouvrier, et il faut apprendre à résister à la fatigue de la répétitivité. C'est démontrer à l'élève stagiaire que la qualité des dalles de 25 m sur 25, trois mètres de hauteur, pesant 1200 tonnes, coûtant une petite fortune, dépend entre autres du travail obscur d'un petit technicien, et illustrer ainsi qu'il n'y a pas de sot métier. La qualité d'une chaîne est celle de son maillon le plus faible. L'ingénieur responsable du chantier insistera fortement pour que cette image soit bien comprise.

Après ces deux semaines de travail de nuit, Marc retrouve la lumière du jour en collaborant directement à la reconstruction des quais du port. Ces dalles de mille deux cent tonnes, creuses comme un couvercle de boîte à chaussures, sont préfabriquées à terre, puis lancées dans l'eau du port grâce à la pente d'un «slip way»[1]. Merveilleuse technique : ces dalles flottent; des compresseurs posés sur elles les gonflent fortement, assurant ainsi leur sustentation. Tirées par deux remorqueurs, elles avancent lentement vers l'endroit auquel elles sont destinées. Neuf pylônes ayant été préalablement érigés en bord de quai, le travail consiste alors, grâce aux remorqueurs, à arrimer la dalle au droit des neuf supports et à la faire se poser en douceur en la «dégonflant» progressivement. Marc, monté sur la dalle flottante, assiste l'ingénieur responsable de la manœuvre, et celui-ci lui confie ensuite la conduite des opérations, qui durent des heures.

---

1. Slip way : cale de lancement.

Vernon est quelque peu fier d'un tel travail (sous contrôle du chef, bien sûr, l'enjeu étant énorme), surveillant la pression de l'air délivré par les compresseurs, guidant par gestes et porte-voix les patrons des remorqueurs, assistant le géomètre chargé du parfait positionnement de la dalle au moment de sa descente sur les pylônes, jusqu'à la phase finale de dégonflage et d'arrimage.

Il comprend sur ce chantier la valeur d'un travail d'équipe, et réalise que les hommes, dans leurs travaux, tirent richesse de leurs différences. Alors, fort de cette expérience nouvelle, Marc Vernon aborde sa troisième année d'études.

Le stage :
premier contact essentiel avec l'industrie

«Qu'ai-je appris d'important pendant mes stages ?» se demande Marc. En tout premier lieu, que la classe ouvrière est digne du plus grand respect. Travailler dur en contrepartie d'un maigre salaire, effectuer scrupuleusement un travail fatigant en assurant un bon niveau de qualité, et finalement être satisfait de son travail en admirant le produit fini, tout cela est l'apanage de ces hommes parfois dénués d'instruction, mais si riches de cœur et de bon sens.

Il a découvert également la valeur de l'enrichissement des tâches, par opposition au peu d'intérêt du travail répétitif sur chaîne de montage. Effectuer toujours les mêmes gestes, jour après jour, mois après mois, héritage du taylorisme, n'est pas valorisant pour les «opérateurs», appellation noble des ouvriers. (Plus tard, en visitant les usines Ferrari à Bologne, Marc Vernon constatera qu'un opérateur P3 y est responsable, en trois heures, de l'assemblage complet d'un moteur, embiellage, chemisage, pose du vilebrequin, des paliers, des pistons et segments, etc. Ce professionnel est fier de graver son poinçon de contrôle dans la culasse, signifiant ainsi qu'il assume la paternité de la qualité du moteur).

La solidarité, c'est tout d'abord une question de cœur. Ces hommes s'entraident, prennent part aux peines et aux difficultés les uns des autres, et n'hésitent pas à puiser dans leur porte-monnaie pour aider leurs semblables.

Marc a mesuré la responsabilité des membres d'un groupe, cadres, chefs d'équipe, ouvriers. Chacun est le rouage d'une pendule fonctionnant correctement si tous les engrenages, roues dentées, axes, ressorts..., sont de qualité. Même les tâches les plus modestes concourent à la réussite de l'en-

semble. Chacun doit en être convaincu. Il est impératif que tous se sentent responsables.

Il a pris conscience de ce qu'est la tolérance.

«Si tu veux que les hommes soient frères,
fais-leur construire une tour ensemble»,
écrivit Saint-Exupéry[1].

Ensemble, c'est-à-dire en réunissant leurs différences, leurs savoir-faire, leurs talents spécifiques. D'où l'impérieuse nécessité d'être tolérant, d'accepter que les autres soient d'un autre profil que soi-même. Une symphonie est interprétée par des artistes jouant d'instruments dissemblables. Une équipe met en œuvre des compétences diversifiées et complémentaires.

---

1. Antoine de Saint-Exupéry (1900-1944) : aviateur et écrivain, auteur de *Courrier sud, Vol de nuit, Terre des hommes, Pilote de guerre, Le Petit prince, Citadelle, Carnets, Écrits de guerre 1939-1944.*

Le mémoire de fin d'études

Marc Vernon se trouve confronté, en troisième année, à la recherche d'un thème de projet de fin d'études. Entre l'industrie automobile et le BTP, il a désormais fait son choix : il travaillera plus tard pour l'automobile, soit chez un constructeur, soit chez un équipementier. Interrogeant le concessionnaire Berliet ami de sa famille, il veut connaître la frontière existant entre le freinage hydraulique et le freinage pneumatique. Pourquoi choisir l'un plutôt que l'autre, dans quels cas ? Quasi-mutisme de ce professionnel sur le sujet évoqué ! Marc propose donc au professeur concerné le thème d'étude suivant : «Comparaison entre les différentes techniques de freinage». Et ce sujet est accepté.

Pendant six mois, il travaille avec ardeur : il fait des recherches bibliographiques, il accumule des extraits de livres, d'articles scientifiques ou techniques, et visite les équipementiers concernés, Bendix, Ferodo[1], Lockheed, Westinghouse. Il rassemble progressivement les documents les plus divers, d'origine technologique, sociale, industrielle, juridique...

Un président de jury pourrait être recherché au sein du monde industriel. La chance le sert : Marc rencontre un jeune ancien de son école, lequel lui promet le parrainage du président de la SIA (Société des ingénieurs de l'automobile). C'est ainsi qu'il fait la connaissance de Henri Perrot, ingénieur Arts et Métiers (Ch. 1889), inventeur du freinage hydraulique. Cet ingénieur a appliqué le principe de Pascal[2] au freinage. Jusqu'alors, les automobiles étaient équipées de freins à câble, ou à tringlerie. Doté d'un parrain aussi prestigieux, Marc passe la

---

1. Ferodo : devenu Valéo.
2. Blaise Pascal (1623-1662) : mathématicien, physicien, écrivain, philosophe, auteur notamment des *Provinciales* et des *Pensées*.

surmultipliée et travaille d'arrache-pied. Sachant qu'il «planchera» lors de la soutenance de son mémoire devant une telle personnalité, il met toute son énergie au service de l'élaboration de sa thèse, qu'il approfondit et illustre au mieux. Le grand jour arrive enfin : il est récompensé par une bonne note que le jury placé sous la présidence de monsieur Perrot lui décerne.

– Bravo, petit, c'est un bon travail, ponctue chaleureusement ce prestigieux président. J'ai même, à la lecture de ton mémoire, et c'est étonnant, appris certaines données que j'ignorais ! Fais ton service militaire, et si ensuite tu ne trouves pas de situation qui te plaise, souviens-toi du vieux monsieur Perrot. Je t'aiderai.

À la sortie de l'armée, Marc le jeune diplômé, après avoir usé sa patience sur les petites annonces des journaux, reprend contact avec son président de mémoire.

– Bien. Veux-tu entrer chez Bendix, Ferodo ou Lockheed ?

Il était ingénieur-conseil auprès de ces trois sociétés.

– Si je connais un peu les techniques développées par ces sociétés, j'en ignore la réputation, les débouchés possibles, la pérennité, les forces commerciales et financières, lui rétorque humblement Marc Vernon.

– Tu me fais confiance ?

– Bien sûr !

Trois jours après, la réponse vient par téléphone.

– Tu entres la semaine prochaine au bureau d'études Lockheed, la SFFHL[3].

Ainsi, grâce à son projet de fin d'études et à un président perspicace, Marc, tout jeune ingénieur, intègre sans peine un important équipementier automobile, effectuant ainsi ses premiers pas sur le chemin d'une carrière passionnante.

---

3. SFFHL : Société française des freins hydrauliques Lockheed.

Le projet de fin d'études : un «sésame ouvre-toi» efficace

Le projet de fin d'études est un excellent passeport d'entrée dans l'industrie : les connaissances acquises garantissent à l'industriel que son nouvel embauché possède déjà de solides notions techniques spécifiques à la technologie à mettre en œuvre, dès son entrée dans l'entreprise.

Le temps passé par l'élève chez l'industriel, pour élaborer son mémoire, est aussi un atout sérieux : il connaît déjà les structures de cette société, son organigramme, son état d'esprit, sa philosophie industrielle.

C'est, pour l'employeur, un gain de temps précieux dans la période d'apprentissage nécessaire à sa nouvelle recrue pour commencer à devenir rentable. C'est, pour l'embauché, un véritable confort de savoir qu'il va intégrer un groupe connu, travailler avec des cadres déjà rencontrés, dans un milieu familier.

Il est donc important, pour un élève-ingénieur, de choisir soigneusement son sujet de mémoire, et de rechercher si possible le parrainage d'une société dans laquelle il aimerait débuter sa carrière.

Marc Vernon, col de pardessus relevé, s'est assis sur un banc dans le parc de la cité universitaire. Un pâle soleil perce parfois la couche nuageuse grisâtre. Il s'est rapidement remémoré le concours d'entrée à l'école des Arts et Métiers de Lille, mais sans s'y attarder : il ne connaissait pas alors ses futurs camarades de promotion, à l'exception de ceux provenant du même centre de préparation.

Ici, dans ce parc, il revoit ses camarades déambuler en bande, il les «entend» chanter des chansons estudiantines, en allant prendre le bus qui les conduisait à l'école, boulevard de l'Hôpital. Quelques ombres se profilent devant ses yeux, celles de leurs amis les ayant définitivement quittés... Il se secoue pour ne pas se laisser submerger par une tristesse qu'il sait ne pouvoir supporter en cet endroit.

Sa pensée batifole, il songe à son service militaire, dans l'armée de l'air. Il revoit les chahuts, à la caserne, avec une vingtaine de ses camarades de promotion : ils en ont fait voir de «dures» aux adjudants chargés de les encadrer ! Il sourit en se souvenant de la revue qu'il avait mise en scène à Caen pour fêter leur galon d'argent d'EOR, revue qu'il avait baptisée «Le grand cirque», du nom du livre de l'aviateur Clostermann. Ce pilote de la guerre 1939-1945, engagé dans les forces aériennes françaises libres, évoquait les combats aériens en les qualifiant de «grand cirque». Marc en avait profité pour transformer la scène de théâtre en chapiteau, afin d'y présenter les adjudants instructeurs sous un aspect clownesque !

Ses souvenirs défilent en désordre, l'enfièvrent légèrement. Au premier étage de la tour Eiffel, au grand bal annuel de son école, il valse avec une jeune fille gracieuse, au cou drapé d'une écharpe mauve. Il se souvient avoir eu le pressentiment qu'elle serait sa femme. Cette agréable vision le ramène à ses débuts dans l'industrie : il fallait gagner sa vie, et celle de sa famille.

Au bureau d'études

Le cœur battant, Marc Vernon se présente chez Lockheed à Saint-Ouen. Son rendez-vous avait été fixé à huit heures. À sept heures trente, il piétine déjà devant la grande porte d'entrée. Son choix est-il le bon ? N'a-t-il pas été trop rapide en acceptant la toute première proposition qui lui a été faite ? Est-il destiné à s'épanouir dans un bureau d'études ? À ce sujet, son père, diplômé du Conservatoire national des arts et métiers, lui a servi une de ses formules à l'emporte-pièce dont il est coutumier : «Mon fils, le bureau d'études mène à tout... à condition d'en sortir. Souviens-t'en !»

En y réfléchissant bien, ses aspirations profondes le poussent-elles réellement vers le travail d'études et de recherche ? Il n'en a pas l'impression. Il aurait préféré le technico-commercial, comme nombre d'inspecteurs des grandes compagnies pétrolières fréquentés dans l'affaire familiale créée par son père. «Quoi qu'il en soit, se dit-il, alea jacta est»[1].

À huit heures moins cinq, il gravit l'escalier menant au bureau d'études. Il s'apprête à frapper à la porte lorsque son attention est attirée par une indication peinte sur celle-ci : «Sans issue». «Mon père avait raison, pense-t-il. Le bureau d'études mène à tout... à condition d'en sortir !»

Une vingtaine de planches à dessin s'étalent sur deux files : tous les dessinateurs en blouse blanche préparent leur matériel, tire-ligne, boîte de compas, règle à calcul, encre de Chine... Assez impressionné, il marche entre les planches à dessin vers un bureau vitré, où il est accueilli par le chef du bureau d'études.

– Monsieur Vernon ? C'est vous, l'ingénieur ?

---

1. «Le sort en est jeté» : phrase attribuée à Jules César lorsqu'il se décida à franchir le Rubicon.

– Oui, monsieur.

Marc a été embauché par le président de la société, Louis Coatalen, ingénieur Arts et Métiers (Cl. 1895) de double nationalité britannique et française, qui a été le conseiller technique du roi George V pour les moteurs à essence pendant la guerre, (et qui, la même année, a remporté le triple record mondial de vitesse sur terre, en mer et dans l'air, avec son moteur breveté). Ami de Henri Perrot, Louis Coatalen a décidé, sur ses conseils, de faire entrer un ingénieur diplômé dans son bureau d'études, jusqu'alors uniquement constitué de projeteurs.

Devant ce jeune ingénieur «parachuté» par son président, le chef du bureau d'études, lui-même autodidacte, se demande quelle sorte de travail lui confier. Un ingénieur !

– Monsieur Vernon, je vous affecte cette planche à dessin. Vous savez dessiner ?

Pour le coup, notre jeune ami reste coi. Il entrevoit bien des difficultés à venir dans un tel milieu qui semble ignorer ce qu'est un ingénieur.

– Je le pense, monsieur.

– On va voir ça. Dessinez-moi un boulon standard de diamètre 12, longueur sous tête 50. Conforme aux normes. Avec vis et écrou, bien sûr. Et à l'encre. Je vous donne la matinée !

Et il lui tourne le dos !

C'est donc l'examen de passage. Il est évident que ce chef d'études imagine l'ingénieur comme une bête à calculs, une encyclopédie technique, mais en aucun cas comme un technicien capable de se débrouiller dans la mécanique classique. À cette époque, un jeune ingénieur frais émoulu de l'école des Arts et Métiers sait dessiner vite et bien; il a fait quatre ans de dessin en préparation, et trois ans aux Arts. C'est donc un bon projeteur, après ces sept années d'expérience. En outre, Marc a gagné la médaille d'argent au concours de dessin de la Société industrielle du Nord, lors de ses études à l'École nationale professionnelle (ENP) d'Armentières. Piqué au vif, il esquisse rapidement le boulon au crayon, le termine à l'encre en respectant toutes les normes de filetage, de hauteur de tête et de hauteur d'écrou, les arcs de circonférence exécutés au balustre.

Moins d'une demi-heure après, il va quérir le chef des études.

– C'est une plaisanterie ? lui dit son futur chef.

– Je ne pense pas, lui répond simplement Marc.

Arrivé devant la planche, le chef d'études jette un œil étonné sur le boulon parfaitement représenté, regarde sa montre.

– Bien, bien. Oui, je vois, j'aurais cru...

Il laisse sa phrase en suspens...

– Je reviens dans dix minutes.

L'histoire fait le tour du bureau d'études. Bien des chuchotements en témoignent.

Quand le chef revient, son attitude a totalement changé. C'est en collègue qu'il s'adresse à Marc.

– Monsieur Vernon, j'ai besoin d'une machine d'essai au fouettement des flexibles Lockheed, essai sous pression à 1 000 tours par minute. Ça vous va ? Vous me la pondez ?

Suit un descriptif technique détaillé appelé «cahier des charges».

– Ça me va, monsieur, merci.

Et c'est par cette étude que la carrière de Marc débute.

Pour ses débuts, voir, réfléchir et ne pas critiquer !

C'est le profil bas que Marc a adopté ! Il est nécessaire, pour un débutant, d'avoir une attitude réservée, une certaine humilité. Il ne doit jamais chercher à jouer le scientifique averti lourdement diplômé, attitude qu'aurait pu adopter notre jeune ingénieur :

– Comment, un boulon de diamètre 12 ? Mais vous vous moquez...! Je suis ingénieur, monsieur ! Pour qui me prenez-vous ?

Plus généralement, l'arrivant doit observer de ses yeux «neufs», enregistrer ce qui ne va pas sans toutefois le faire remarquer, se réservant d'y revenir ultérieurement. Un peu plus tard, lorsqu'il aura bien pris la mesure de sa société et pénétré la psychologie de son patron, il pourra présenter des solutions nouvelles avec les précautions verbales appropriées :

– Ne croyez-vous pas que... Si on considérait ceci. Qu'en penseriez-vous ?

Il ne peut être question d'arriver en territoire conquis. Le «Veni, vidi, vici»[1] *se pratiquera seulement beaucoup plus tard, par un ingénieur très expérimenté.*

---

1. «Je suis venu, j'ai vu, j'ai vaincu». César annonça ainsi au Sénat la rapidité de la victoire sur Pharnace (47 av. J.-C.).

L'innovation

Vite intégré dans le bureau d'études, devenu ami de ses collègues, partageant leurs plaisanteries et leurs joies, les bons «gueuletons» pour les fêtes, les anniversaires, Marc Vernon le néophyte se passionne et exécute pendant quelques mois les travaux variés confiés par le patron du bureau d'études. Une cuve de mixage pour le liquide de frein, des machines automatiques pour assembler les flexibles, la mise en œuvre de tresseuses pour leur fabrication, des lignes de boudinage pour le caoutchouc, etc... Ces machines marchent bien. Il en est lui-même étonné !

Après quelques mois, le grand patron l'appelle.

– Monsieur Vernon, j'ai appris qu'un nouveau type de frein vient d'être inventé. Jaguar l'a employé en Angleterre sur ses voitures de course. Il s'agit du frein à disque. Il est totalement inconnu en France. Je vous charge de le créer, l'étudier, le développer, le mettre au point... C'est une responsabilité de chef de projet.

Un frein à disque ?

– En fait, il s'agit d'adapter à l'automobile le principe du frein de bicyclette. Le disque, c'est la roue, et le frein, ce sont les deux patins serrant la jante. Il faut donc rendre un disque d'acier solidaire de la roue de voiture, le pincer avec des patins de frein mus par la pression hydraulique. C'est simple, non ? Allez, exécution, monsieur Vernon.

C'est la première grande étude entreprise par Marc.

Simple ? Sûrement pas ! Complexe, et cela lui prendra presque une année.

Mais quelle passion ! Dessiner les premiers composants, les calculer, les faire exécuter à l'atelier prototypes, les assembler autour des fusées de roue, la voiture étant immobilisée sur fosse, c'est un travail complet, partant du premier trait tracé sur la planche pour aboutir jusqu'à l'essai de la voiture sur route. Avec un essayeur professionnel, un cascadeur, sur la voiture renforcée par des «rolling-bars»[1], Marc est casqué, sanglé par une ceinture de sécurité type pilote d'avion, à quatre points de fixation. La voiture est lancée à 120 km/h le long du canal de Saint-Denis, et la pédale de frein brutalement écrasée par le conducteur. Sinusoïdes sur la route, hurlement des pneus sur la chaussée.

– Oh, petit, ton étrier de frein s'ouvre. La pédale est élastique. Essaie toi-même.

C'est exact. Et dans sa tête, immédiatement, le dessin de l'étrier lui revient, la solution s'esquisse. Après de nombreux calculs, de nouveaux prototypes, des essais sur machine et sur route, une mise au point fine et soignée, le premier frein à disque Lockheed voit enfin le jour.

Marc en a presque perdu le sommeil. Pendant des mois, il ne pense qu'à son frein, afin d'en améliorer la résistance, et d'augmenter ses performances, de stabiliser sa qualité, d'assurer sa fiabilité dans le temps. C'est devenu une passion dévorante. Sa fièvre intellectuelle retombe lorsque le frein est officiellement homologué et vendu à Renault, premier constructeur français à s'intéresser à cette nouveauté. Il souffre alors d'un vide, d'une sorte de dépression. On lui a pris son enfant ! Il entrevoit, à ce stade, ce que représente le bonheur de créer. Il sait aussi que le bureau d'études est devenu pour lui une drogue, qu'il devra s'en échapper, faute de quoi, ainsi que son père le lui avait laissé entrevoir, il va y investir toute sa carrière et se priver ainsi de la connaissance d'autres horizons, d'autres fonctions. Le destin, à ce stade, lui vient heureusement en aide...

1. Rolling-bars : barres de renforcement.

Rechercher un travail passionnant

Marc avait découvert ce qu'une sentence de Confucius[1] *lui confirma plus tard :*

«Choisissez un travail que vous aimez,
et vous n'aurez pas à travailler
un seul jour de votre vie.»

Effectivement, il s'était montré très combatif et performant pour réaliser son frein, ses chefs se plurent à le reconnaître.

Pour quelle raison ? Parce qu'il avait été passionné par son travail. C'est une loi psychologique simple qu'il vérifia ultérieurement : dès qu'une personne est passionnée, elle devient dynamique pour développer l'objet de cette passion. En fait, cette évidence a également été mise en lumière par le philosophe américain Emerson[2] *:*

«Rien de grand ne se fait sans enthousiasme.»

---

1. Confucius (552-479 av. J.-C.) : philosophe chinois, à l'origine du confucianisme.
2. Ralph Waldo Emerson (1803-1882) : écrivain et philosophe américain fondateur d'un système mystique, le transcendantalisme.

Marc Vernon continue d'égrener ses souvenirs. Les images se superposent rapidement. Il évoque ses fiançailles, qui eurent lieu pendant ses débuts au bureau d'études Lockheed. Ses parents étaient venus du Nord pour faire connaissance de ses futurs beaux-parents. Dans une jolie villa de banlieue, la rencontre se fit autour d'une table bien garnie. Sa fiancée, Simone, était professeur de dessin d'art. La date du mariage fut fixée à six mois plus tard.
Marc était propriétaire d'une demi-voiture Peugeot 203, avec l'un de ses camarades de promotion. Celui-ci les conduisit à la mairie, puis à l'église. Quelques mois après, lui-même accompagnera dans leur voiture son ami pour son mariage. Leur amitié était telle que la copropriété d'une automobile n'apporta aucun nuage dans leurs relations. L'un la conduisait le week-end, et l'autre la semaine. Incomparable souvenir de jeunesse !...

La chance et l'audace

Le destin se charge de faire évoluer sa carrière. Fait exceptionnel, son grand patron le convoque dans son bureau.

– Vernon, vous ne vous êtes pas trop mal débrouillé pour le frein à disque !

Un silence. Comme une ultime réflexion.

– Une société américaine de filtration recherche un licencié en France. J'ai pensé que l'on pourrait acquérir cette licence. Vous voyez pourquoi ?

– Honnêtement, non, monsieur.

– Vous ne pensez pas à notre liquide de frein ?

– Pourquoi ? Vous voulez le filtrer ?

– Ce serait une garantie de qualité. Nous rodons soigneusement les alésages de nos cylindres de roue et de nos maîtrecylindres, pour obtenir des états de surface impeccables. Nos coupelles de frein en caoutchouc ont des lèvres extrêmement fragiles, la moindre limaille peut les blesser et provoquer une fuite catastrophique. Lorsqu'on appuie sur la pédale de frein, il y a trois possibilités : la morgue, l'hôpital, ou l'arrêt de la voiture. Notre travail, c'est de garantir l'arrêt de la voiture. Vous êtes convaincu de l'utilité de la filtration de notre liquide ?

– Monsieur, oui, cela paraît effectivement une bonne idée.

– Bien, jeune homme. Alors j'ai pensé à vous. Vous quitteriez le département freinage pour prendre en charge le développement d'un département filtration. Cela vous intéresserait-il ?

La réponse fuse, instantanée :

– Oui, absolument, oui, monsieur.

Le grand patron est quelque peu surpris, étonné.

– Vous ne demandez pas à réfléchir ?

– Pourquoi réfléchir, monsieur ?

– Parce que c'est un tournant de votre vie, Vernon ! Vous persistez ?

– Oui, monsieur, sans aucune restriction.

– Bien, en ce cas, c'est moi qui vais réfléchir. Je vous rappellerai. Au revoir, jeune homme.

La semaine suivante, il est de nouveau convoqué chez le boss.

– Asseyez-vous. Expliquez-moi pourquoi vous avez accepté ma proposition sans réfléchir plus avant.

– Monsieur, cela fait presque deux ans que je suis au bureau d'études freinage, où j'ai eu la possibilité d'effectuer un développement passionnant. Je ne crois pas avoir encore l'opportunité de conduire d'autres études de cette envergure. Vous m'avez ouvert un tout nouvel horizon, un département filtration à développer. Cela sera pour moi une expérience totalement nouvelle. Il est clair également que je devrai aller aux États-Unis pour recueillir les éléments techniques de cette licence ! Vous auriez voulu que j'hésite ?

– Hé, hé, jeune homme, quel sang vif ! Vous me plaisez. Allez, c'est d'accord. Vous quittez les études et partez aux États-Unis. Je vous fais confiance. Bonne chance, Vernon.

Savoir saisir sa chance

Il existe un proverbe chinois dont la traduction est à peu près la suivante :

> *«La chance, c'est comme un oiseau qui passe dans ton dos, tu as juste une fraction de seconde pour te retourner et l'attraper.»*

L'esprit de décision est apprécié par toute hiérarchie. Foin des timorés mettant trop de temps à se décider. Ils risquent de se conduire comme l'âne de Buridan[1] qui ne savait pas s'il devait aller à droite manger de l'avoine, ou à gauche boire dans un seau, et qui est mort de faim et de soif...

Il faut savoir parfois prendre des décisions rapides. Les humains sont tous dotés, à des degrés divers, d'une intelligence rationnelle et d'une intelligence intuitive. Sans pour autant faire fi de l'approche rationnelle d'un problème (nécessitant de le décomposer en sous-ensembles destinés à être analysés, afin d'aboutir à une synthèse réfléchie, processus assez long), il faut savoir se servir de son intuition, de son flair, dans une sorte de fulguration de l'esprit. Tout est question de mesure. Parfois le rationnel doit primer. En d'autres circonstances, l'intuitif peut jouer. L'expérience de la vie affûte ces deux instruments, et nous apprend à les utiliser, si possible, à bon escient et au bon moment.

---

1. L'âne de Buridan : fable attribuée par erreur au philosophe scolastique Jean Buridan (1300-1358).

La découverte des États-Unis

Un matin orageux, à l'aéroport d'Orly. Un Super-G-Constellation va décoller vers New York. La durée prévue du voyage est de quatorze heures. C'est l'une des premières liaisons directes Paris - New York. Quatorze heures ! C'est long ! Marcel Cerdan a récemment trouvé la mort sur cette ligne. Marc est inquiet. Il n'a jamais pris l'avion. C'est son baptême de l'air. Il est d'ailleurs doublement mal à l'aise, car il parle très mal l'anglais. Dans l'avion, il est en territoire connu, puisqu'il voyage avec Air France. Mais à l'arrivée aux États-Unis ? Qui vivra verra ! Le ronronnement régulier des quatre moteurs le rassure. Le vol est agréable. Pas de turbulence. Aucun trou d'air. Le confort est remarquable. C'est ça, l'avion ? C'est formidable ! Un excellent plateau-repas précédé d'un whisky, un bon bordeaux à suivre. C'est la vie de château !

Atterrissage. Formalités d'admission interminables. Trois heures de queue. À la porte de l'aéroport international de New York, c'est la «galère». Où aller ? Quel bus prendre ? Il doit se rendre au Penn Terminal Hotel. Premier contact avec un policier américain : pas de dialogue possible. Il a beau essayer d'affûter son accent, le policier ne comprend rien. C'est gai ! Pourtant, quinze jours avant de partir, Marc s'était précipité sur la méthode Assimil, la dévorant de jour et partiellement de nuit, pour essayer de rattraper en deux semaines plus de dix ans d'amateurisme dans ses études de la langue anglaise ! Il songe amèrement que son père lui a fait prendre des cours particuliers d'anglais un an avant son certificat d'études, quand il avait dix ans. Quel gâchis ! Trop tard, maintenant ! Il faut assumer...

Finalement, après force pérégrinations, incompréhensions, erreurs d'interprétation, il arrive à son hôtel, se fait difficilement comprendre à l'accueil, et se réfugie dans sa chambre tel un animal traqué au milieu d'une civilisation hostile. Le lendemain, il se rend à Pennsylvania Station, très proche de son hôtel, pour aller à la gare d'Elisabeth, près de Rahway. Il achète péniblement un billet, prend un train, se trompe, et se retrouve presque à Washington. Après un retour laborieux, il trouve un taxi et arrive enfin aux usines de la société de filtration.

Il demande à être reçu par le directeur des affaires internationales, avec lequel il a rendez-vous. Celui-ci l'accueille très sympathiquement, et, constatant sa carence en langue anglaise, lui parle très lentement. Mais notre jeune découvreur de pays étrangers ne comprend virtuellement rien.

– Please, interpreter. I should like to get an interpreter[1].

C'est le professeur Petitpoulet qui est appelé comme interprète par la société américaine. «Charming old professor»[2], interprète personnel du général Pershing[3] pendant la guerre de 1914-1918, il s'exprime dans un français académique parfait.

Accompagné de son mentor, Marc visite les chaînes de production des filtres, guidé par l'ingénieur en chef de l'usine. C'est énorme, colossal, démesuré. Des dizaines de chaînes produisent journellement des centaines de milliers d'éléments filtrants en papier plissé. Son carnet de notes à la main, il commence à relever les informations indispensables à l'implantation ultérieure en France de l'une de ces chaînes de production.

«Break time», ou «coffee break» à dix heures trente. Il prend un «orange juice» avec l'ingénieur en chef et l'interprète. Après un assez long monologue de l'ingénieur en chef, le vieux professeur, gêné, dit à Marc :

– Monsieur Vernon, en tant qu'interprète, je me dois de rapporter fidèlement les propos de mes interlocuteurs. Il me dit être allé il y a trois ans en France, dans la région lyonnaise,

1. «S'il vous plaît, un interprète, je voudrais un interprète.»
2. «Charmant vieux professeur».
3. John Joseph Pershing (1860-1948) : commandant en chef des forces américaines sur le front français.

et ne pas avoir apprécié l'hygiène des hôtels français. À ce titre, il souligne la raideur du papier-toilette qu'il était obligé d'employer.

Interloqué, Marc, qui a environ vingt-huit ans et ignore encore le caractère bon enfant des Américains, répond vivement :

– Dites-lui, professeur, que lorsqu'il était aux toilettes, il devait utiliser les pages intérieures du bottin, et non la couverture en carton !

– Vous voulez vraiment que je dise cela ? interroge le vieil interprète, inquiet.

– Bien sûr, professeur !

Au fur et à mesure que la traduction se poursuit, le front de l'ingénieur en chef s'assombrit. Se levant sans émettre le moindre commentaire, leur guide reprend la visite des ateliers.

«J'ai dû commencer par me faire un ennemi mortel !» pense notre jeune ingénieur. Ce en quoi il préjuge mal de l'esprit sportif des Américains, car à midi, à la cantine, son hôte lui fait comprendre qu'il a beaucoup apprécié sa réaction.

Jour après jour, les visites succèdent aux visites. Le week-end, New York offre à notre voyageur toutes les richesses de sa culture, entre autres le Musée d'art moderne et l'important Metropolitan museum. Marc prend peu à peu goût à l'«american way of life»[4], à cette apparente décontraction, à l'humour de ce peuple, à son sérieux dans le travail. Il est étonné par la polyvalence des ouvriers sur chaîne, qui savent changer de poste de travail, rompre la monotonie de leurs tâches répétitives en évoluant sur la chaîne de production d'une machine à une autre, tout en respectant une très forte cadence à chaque poste. Beaucoup d'ouvrières assurent également une forte productivité. Avec son appareil photographique, Marc réalise un reportage technique complet.

– You take my face[5], plaisante une ouvrière sur la chaîne («face» se prononce approximativement «fesse»).

---

4. American way of life : mode de vie américain.
5. «Vous photographiez mon visage.»

– Not especially[6], répond-il, ne voulant pas être taxé d'indélicatesse !

Rire de l'interprète, qui lui explique le quiproquo...

Une dizaine de jours après son arrivée, Marc estime pouvoir se débrouiller seul, sans son interprète, qui lui donne d'ailleurs tout à fait raison :

– Depuis votre arrivée, vous m'avez entendu traduire vos propos, et ceux de vos interlocuteurs; c'est un «perfect training»[7].

Notre jeune ingénieur vole alors de ses propres ailes. Il reste un mois dans l'usine, va de l'atelier de production au laboratoire, en passant par le bureau d'études et le service des méthodes. Conscient de sa mission, il sait devoir installer en France une chaîne miniaturisée. Il peine toujours dans son expression en anglais, a de constantes difficultés à comprendre ses vis-à-vis, mais progresse. Sa mission prend fin, mais il est prévu qu'il sillonne les USA à la recherche d'une autre licence de matériel hydraulique.

---

6. «Pas spécialement.»
7. «Un très bon entraînement».

Maîtriser l'anglais est désormais indispensable

Marc en est totalement convaincu, l'excellente pratique de la langue anglaise est un «must»[1] *absolu. L'anglais est devenu l'espéranto international, la langue du dollar. Il est inconcevable de ne pas bien maîtriser cette langue. Non seulement les grandes entreprises l'exigent, mais les PME / PMI lient des relations avec des clients ou des fournisseurs étrangers, et s'appuient sur des collaborateurs s'exprimant aisément en anglais.*

Il faut dès lors oublier que le français fut dans le passé la langue diplomatique dominante, et s'astreindre à s'exprimer dans la langue de Shakespeare. Aussi l'étude des langues durant la scolarité est-elle extrêmement importante. Quant à la sanction, le TOEFL[2]*, son niveau élevé est tout à fait normal. Il serait même souhaitable d'imposer un tel score au concours d'entrée de toutes les écoles d'ingénieurs, à l'instar de certaines grandes écoles commerciales. L'instaurer uniquement pour l'obtention du diplôme en fin d'études ne tient pas compte de la réalité du terrain et entretient un handicap de fait.*

---

1. Must : impératif, obligation.
2. TOEFL : Test of English as foreign language.

En ce dimanche d'automne, Marc Vernon aimerait déjeuner au restaurant du pavillon international. Impossible. C'est fermé. Il se rend malgré tout dans le hall pour «revoir» les étudiants faire la queue en attendant, ticket-repas à la main, d'entrer dans l'imposante salle, pour s'y restaurer de quelques plats bien garnis, mais peu sapides. Quelles discussions passionnantes avait-il eues avec des étudiants étrangers : africains, asiatiques, parfois américains ! Ils reconstruisaient le monde, dans une juvénile effervescence... C'était à celui qui ferait preuve de l'originalité intellectuelle la plus poussée, afin d'épater les étudiantes de leur table. Ils croyaient aux thèses ainsi bâties ! Ils avaient conscience de vivre au sein d'une élite multinationale incroyablement diversifiée et créatrice...

Malheureusement, en ce jour un peu triste, le hall du pavillon international est vide. Marc le parcourt à pas lents, c'est une période de fin de vacances... Il a encore en tête les cris, cette queue agitée, chahutante, trépidante... Mais il est seul, irrémédiablement ! Le Pavillon du Parc, face à la cité universitaire, l'accueille alors. Depuis tant d'années, rien n'a changé, ou presque, dans ce restaurant. C'est ici qu'il venait avec l'un de ses meilleurs camarades, lorsque leur argent de poche n'était pas encore épuisé. Aucun problème de choix : pâté de campagne, steak frites et Fontainebleau (une mousse crémeuse de fromage blanc), le tout arrosé d'un côte-du-Rhône. Pour revivre au mieux le passé, Marc choisit exactement le même menu, à l'exception du Fontainebleau, disparu de la carte.

C'est avec ce même camarade qu'il avait pris l'avion pour se rendre à New York. C'était la première fois qu'une séparation importante l'éloignait de sa jeune épouse, deux ans après leur mariage. Une tête blonde était venue illuminer un berceau nimbé de dentelle, une jolie petite Laure. Quelle joie profonde avait-il ressentie à la clinique lorsque le bébé lui avait été déposé dans les bras ! Une nouvelle dimension venait ainsi s'ajouter à sa vie. Il était père ! Sa vie d'étudiant était définitivement terminée. Il était devenu un homme et, qui plus est, un père de famille.

La diversification

À son départ de Paris pour les États-Unis, le patron lui a dit :

– Puisque nous investissons dans un voyage onéreux, il faut en amortir le coût. Lorsque vous aurez fini de relever tous les éléments d'information nécessaires au lancement de la fabrication de filtres en France, vous parcourrez les États-Unis à la recherche d'une autre licence de matériel hydraulique, par exemple des pompes, des vérins, des clapets, des valves, etc.

– Mais, monsieur, les États-Unis, c'est très vaste. Je ne vois pas comment...

– Taratata ! Vous vous débrouillerez, Vernon ! Je ne mets pas de limite à vos frais. Alors, ne mettez pas de limite à vos recherches. Vous êtes maintenant un ingénieur confirmé, vous nous l'avez prouvé avec la réussite du frein à disque. Continuez à faire vos preuves dans le domaine des appareils hydrauliques.

Durant les quatorze heures du voyage Paris - New York, le problème lui apparaît difficile à résoudre. Comment faire ? Y a-t-il aux USA des agences industrielles aptes à le renseigner ? Sûrement. Mais comment connaître ces agences ? Dans les tout premiers jours de ses travaux dans les usines du groupe de filtration, la solution s'impose. Euréka ! Cette entreprise possède un service achats disposant d'annuaires et ayant une bonne expérience du marché américain. Il doit être possible de faire un mailing destiné à plusieurs sociétés de l'industrie hydraulique. Marc va trouver le directeur des achats, qui parle un peu le français et qui le comprend assez bien. Mis au courant du problème à résoudre, celui-ci sélectionne une cinquantaine de sociétés d'hydraulique, et l'aide à rédiger le courrier suivant :

> «En ma qualité d'ingénieur de la Société française des freins hydrauliques Lockheed, je suis chargé d'étudier toute forme de coopération,

> achat de brevets, licences ou autres, avec des sociétés américaines fabriquant des pompes, des vérins, des valves, des flexibles pour les basse, moyenne et haute pressions dans le domaine de l'hydraulique. Si vous êtes intéressés, veuillez m'en informer avant telle date. Je prendrai ultérieurement contact avec vous pour convenir d'un rendez-vous.»

Cette lettre, rédigée en excellent anglais par le directeur des achats, est adressée à de nombreuses sociétés sises dans différents États américains, depuis la côte est jusqu'à la côte ouest, de Washington à Los Angeles.

À la date fixée, sept sociétés sont prêtes à recevoir l'émissaire de Lockheed. C'est alors que Marc se penche sur la carte des USA : il a le vertige ! Il faut qu'il aille à Washington, Detroit, Milwaukee, Colombus, Chicago, Los Angeles, San Francisco, soit douze mille kilomètres aller et retour. Il organise donc, toujours avec l'aide du service achats, un voyage en sauts de puce le menant d'une ville à l'autre dans le sens est-ouest, se réservant de terminer à San Francisco où il compte bien passer quelques jours. Douze mille kilomètres ! Il en frissonne ! Chacune des sociétés à visiter est avertie de la date de son passage par courrier express.

Il s'envole d'abord vers la première étape, Washington, où il passe un week-end prolongé avant son premier rendez-vous du mardi. Il redoute ce premier contact : rencontrer un président directeur général américain ne doit pas être chose aisée.

Il préfère oublier cette contrainte et profiter des trois jours qu'il va passer à Washington. La capitale fédérale des États-Unis est une ville attrayante, à la construction de laquelle coopéra un architecte français, le major L'Enfant, vers 1800. Marc Vernon visite l'un des plus beaux musées du monde, la National Gallery of Art, admire des Botticelli, Raphaël, Vinci, Rubens, Rembrandt, Greco, Goya, Van Gogh, Gauguin. Il est ébloui par toutes ces richesses picturales.

Il se promène devant la Maison Blanche (le président Eisenhower y réside), visite le cimetière d'Arlington[1] (où le président John Fitzgerald Kennedy[2] sera plus tard inhumé), monte les marches du très impressionnant monument de marbre blanc aux trente-six colonnes doriques dédié à un célèbre président des États-Unis, le Lincoln Memorial (l'Union comportait trente-six États lorsque Lincoln mourut), admire le Jefferson Memorial, construit en mémoire du président fondateur du parti démocrate. Il se sent écrasé par le Washington Monument, une sorte d'obélisque moderne de béton, d'une hauteur de cent soixante-dix mètres.

Et le mardi fatidique arrive. Descendant de son taxi, il est accueilli fort courtoisement par une sémillante secrétaire qui l'escorte jusqu'au bureau présidentiel. Là, il a le souffle coupé pendant quelques secondes : c'est une immense pièce d'environ vingt mètres de longueur, dix mètres de largeur, à très haut plafond décoré. Le président trône derrière un grand meuble constitué d'une plaque de marbre blanc supportée par deux caissons d'ébène ouvragés. Il se lève pour accueillir Marc.

Vernon préfère se jeter immédiatement à l'eau en déclarant que son anglais n'est pas parfait ! Vingt minutes après, un interprète est présent. Marc visite l'usine de vérins, voit les bureaux d'études et les laboratoires, et jette les bases d'un projet de licence fondé sur le paiement de 3 % de royalties[3] : c'est la limite, la «dead line». Ils se quittent apparemment en très bons termes.

Le lendemain, Marc arrive à Colombus (Ohio). Il met au point une stratégie simple pour ses visites suivantes. Descendant de l'avion, il demande au chauffeur de taxi de le conduire «to the best hotel of the town»[4], en toute simplicité.

---

1. Dans ce cimetière, une garde militaire honore la tombe du soldat inconnu, tombé en France. L'épitaphe est la suivante : «Here rests in honored glory an american soldier known but to God» (Ici repose, dans la gloire et l'honneur, un soldat américain connu seulement de Dieu).
2. J.-F. Kennedy (1917-1963) : élu président des États-Unis en 1960.
3. Royalties : redevances.
4. «Au meilleur hôtel de la ville.»

De sa chambre, il appelle le P-DG qu'il doit rencontrer en lui annonçant dans quel hôtel il se trouve, et en lui demandant de le faire prendre par un chauffeur de l'entreprise. Généralement, c'est le propre chauffeur du patron qui vient le chercher dans la limousine présidentielle.

Il effectue ainsi toutes les visites prévues. Il recueille deux accords de licence, dont l'un se concrétisera ultérieurement, pour une fabrication de pompes à palettes haute pression. Sa mission est donc remplie, mais son stock de «traveller checks» s'est considérablement réduit.

Marc termine son voyage en passant trois jours à San Francisco, ville infiniment plus agréable que Los Angeles, immense et impersonnelle. Ce séjour est un enchantement. Il descend la Lombard Street, sinueuse et fleurie, visite le Japanese tea garden et ses statues de Bouddha parmi une végétation très exotique, se promène dans China Town, déjeune d'un crabe au Fisherman's wharf, grimpe dans les «cable cars», ces curieux tramways tirés par un câble dissimulé sous un rail, admire les rouleaux du Pacifique, traverse le Golden Gate Bridge devant l'île d'Alcatraz, et explore la forêt de Muir Woods aux séquoias millénaires géants.

À San Franscico, ville qualifiée de «melting pot», se côtoient les quatre races humaines, les Blancs, les Noirs, les Jaunes et les Rouges (ces Indiens dénués de vertige travaillant à 200 mètres d'altitude sur les poutrelles d'un building en construction, «sky-scraper» ou gratte-ciel). À regret, il quitte cette ville envoûtante et prend l'avion pour New York.

Empreint d'une certaine nostalgie, il embarque sur le paquebot Liberté. Ce superbe «liner» avait été remis par l'Allemagne à la France à titre de dommage de guerre du conflit 1939-1945. Six jours plus tard, après une merveilleuse traversée en «cabin class», il arrive au Havre. Avec soulagement, Marc remet les pieds sur le sol français, sans souffrir du décalage horaire que la traversée de l'Atlantique a progressivement effacé. Et pendant les semaines qui suivent, il se demandera souvent ce qu'a pu lui apporter son aventure américaine.

Un début de carrière à l'étranger ?

Le fait de s'expatrier, plus ou moins longtemps, pour un jeune ingénieur débutant ou doté d'une première expérience, est extrêmement bénéfique. Il se pénètre en effet d'une autre culture, porte sur les situations un regard différent et en profite pour améliorer sa connaissance d'une langue étrangère. Cette plongée dans une autre civilisation le galvanise, le mûrit, l'amène à prendre des responsabilités, le forçant à rompre avec sa retenue habituelle. Une telle expérience conforte et renforce la confiance qu'il a en lui-même, affirme sa personnalité, lui confère une vision plus ample de la vie industrielle, économique et sociale.

«Quand on se regarde dans une glace,
on ne voit que son image»,
écrivait Victor Hugo[1].

L'expatriation, surtout dans une civilisation aussi jeune que celle des États-Unis, conduit à comprendre que la culture française n'est pas la panacée universelle. Cela est également valable en tous pays à des degrés divers. Il y a aussi des exemples intéressants à l'étranger dont nous pouvons nous inspirer. C'est le début d'une vision globale qui se substitue à une vue limitée seulement à nos frontières. C'est un élargissement de l'esprit. C'est toujours un apport culturel enrichissant.

1. Victor Hugo (1802 -1885) : écrivain et poète français.

De l'émerveillement de cette luxueuse traversée de l'Atlantique, Marc se souvient surtout de l'entrée du paquebot dans le port du Havre. Simone serait-elle là pour l'accueillir ? Par courrier, il lui avait proposé de venir au quai de débarquement ou de l'attendre à la gare Saint-Lazare.
Accoudé au bastingage, comme tous les voyageurs, il scrutait la masse du public se précisant peu à peu à ses yeux au fur et à mesure que le paquebot se rapprochait du quai. Mais elle n'était pas là.
C'est à la gare Saint-Lazare qu'il se précipita dans ses bras. Ils vécurent d'inoubliables retrouvailles. Ils allèrent fêter ce retour dans leur restaurant fétiche, les Quatre marches, rue de la Chaussée d'Antin, assis près de la vasque centrale d'où s'élevait un jet d'eau chuintant. Marc n'a aujourd'hui aucune idée de ce que fut leur menu. Les yeux dans les yeux, la main dans la main, ils passèrent la soirée dans ce lieu qui les avait souvent accueillis, entre autres, au lendemain de leur mariage. Après quoi, ils retournèrent dans l'intimité de leur petit appartement.
Comme émergeant d'un rêve, Marc lève la tête, et voit passer sur le trottoir un couple d'étudiants amoureux, étroitement enlacés. Il ressent alors un léger pincement au cœur. Sexagénaire ? Oui, bien sûr... La vie est une grande roue qui tourne, qui tourne si vite...

L'oiseau déploie ses ailes

Chez Lockheed, le jeu consiste pour Marc Vernon à franciser la technique étudiée aux États-Unis. Il dispose de trois projeteurs du bureau d'études, à qui il fixe le cahier des charges des machines à dessiner. L'aspect passionnant de ce travail consiste à ne pas copier ce qu'il a vu outre-mer, mais à le traiter selon des processus plus simples et moins onéreux. Il s'agit de mettre en œuvre une chaîne de fabrication d'éléments filtrants en papier imprégné de résine phénolique polymérisée.

Cette chaîne a pour premier poste une plieuse ultra-rapide capable d'effectuer environ mille plis minute. Suit un four de polymérisation de la résine : aux États-Unis, c'est un convoyeur dans un long caisson chauffé par des brûleurs à mazout. Il décide d'acquérir un four à haute fréquence, ce qui lui fait gagner dix mètres sur la longueur de la chaîne de fabrication. Son président lui octroie un atelier de cinquante mètres par quinze, en tout et pour tout, dans l'une des usines du groupe. Marc se trouve donc obligé de miniaturiser les chaînes de production étudiées aux USA.

À la suite du four de polymérisation sont implantées des machines de coupe, de clipsage, de mise en forme du papier plissé autour d'un tube central perforé, des presses d'emboutissage, des machines d'injection de colle et de gros carrousels de plateaux chauffants. Toutes ces machines seront dessinées, exécutées, assemblées, mises en œuvre en six mois. Durant cette période, Marc Vernon consacre quotidiennement de douze à quatorze heures à un travail intensif.

Au bout de sept mois, toutes les machines sont en place, branchées dans l'atelier, et commencent à fonctionner au poste par poste. Marc forme environ quinze ouvriers pour occuper tous les postes de cette chaîne. Il participe en mettant lui-même la main aux manivelles. Peu à peu, la chaîne commence à tourner et produit dix éléments filtrants par minute, puis douze, puis quinze. Les progrès seront ensuite plus lents. Il faut travailler avec acharnement avant de frôler la prévision de cadence fixée à vingt éléments par minute. Celle-ci est atteinte dix mois après son retour des USA. Il en informe son président. Celui-ci vient alors constater que la chaîne «tourne rond».

Le président américain cessionnaire de la licence est aussitôt invité. Il fixe la date de son arrivée en France pour l'inauguration officielle de l'atelier de son licencié. Marc Vernon bénéficie, le jour de l'inauguration, de la récompense de l'effort développé, de la fierté de l'œuvre accomplie. Le soir même, il a le plaisir d'être invité au restaurant de la Tour d'argent avec son président, son directeur général et le président-directeur général américain. Bien sûr, il tourne le dos à Notre-Dame illuminée, afin que son vis-à-vis, le président américain, puisse admirer sans réserve ce monument grandiose. Mais il déguste son premier canard au sang numéroté, le 713 243e depuis 1890. Il n'aura qu'une seule fois dans sa vie l'occasion d'en manger un autre dans ce même restaurant...

Quelques semaines plus tard notre ingénieur, désormais considéré comme «confirmé», d'autant plus qu'il a été nommé chef du département filtration (son premier titre !), pense décent, dès lors, de solliciter une augmentation de salaire.

Le directeur général, contacté à ce sujet, lui suggère de présenter directement sa requête au président.

– D'autant plus, Vernon, que vous êtes de la même chapelle tous les deux... Cela devrait faciliter les choses !

Le jour dit, à l'heure convenue, il est reçu dans le sanctuaire présidentiel. Il articule au mieux ses arguments, développe les travaux réalisés, souligne les résultats obtenus. En fait, il apporte la preuve, pense-t-il, du bien-fondé indiscutable de son souhait de voir sa situation évoluer.

– Fort bien, fort bien, marmonne le boss. Mais dites-moi, mon jeune ami, n'est-ce point vous que j'ai invité à la Tour d'argent il y a quelques semaines ?

– Si fait, si fait, lui répond Marc Vernon, interloqué.

Il se demandera, plus tard, pourquoi diantre il a répondu en employant une expression de vieux français.

– Eh bien, Vernon, cela vous prouve toute l'estime que l'on vous porte ici. Vous effectuerez avec nous une longue et fructueuse carrière.

Le boss met ainsi fin à l'entretien. Après cet «ite missa est»[1] présidentiel, Marc, décontenancé, se retire aussi dignement que possible. À défaut d'augmentation, il a eu... une Tour d'argent !

---

1. «Allez, la messe est dite» : formule finale de la messe (rite latin).

Pas de perfectionnisme stérile

Sans s'attarder sur cet épisode, qu'il eut l'intelligence de prendre avec sérénité (six mois plus tard, le président lui octroya une voiture de fonction, une Dauphine Renault neuve), Marc se remémora la période de travail intensif vécue depuis son retour des USA. Il se rendit compte qu'il avait été très audacieux dans la mise en œuvre de son atelier, parfois même un peu téméraire. Il estima avoir été chanceux, car la conception de certaines machines s'était avérée peu orthodoxe...

Alors, des regrets ? Eh bien non :

«La chance sourit aux audacieux.»

Il s'était révélé être un «doer», selon l'expression américaine, c'est-à-dire un réalisateur. En aucun cas un perfectionniste. Il est bien évident que ses machines auraient pu être mieux étudiées, les postes ouvriers plus réfléchis... Mais quel aurait été le délai de réalisation ? Dix mois après son retour, la chaîne d'assemblage aurait-elle atteint sa cadence ? D'évidence, non.

«Le mieux est l'ennemi du bien.»

Il faut savoir s'arrêter à temps à un stade de la conception. Toute étude peut toujours être améliorée.

«L'intelligence est infinie,
l'amélioration est éternelle», disent les Japonais.

C'est exact, mais cela ne doit pas générer le moindre perfectionnisme. «Le perfectionnisme, voilà l'ennemi», se dit Marc Vernon.

Et tout au long de sa carrière, il ne changea jamais d'avis.

La bonne à tout faire

La chaîne de production des éléments filtrants étant, dès lors, totalement prête à fonctionner, il faut mettre en œuvre toute une infrastructure de soutien, ventes, achats, études, laboratoire, etc... Marc commence par le laboratoire en engageant un jeune cadre. Ils mettent au point quelques appareils de contrôle strictement indispensables pour assurer la qualité des produits fabriqués, filtres à huile et filtres à air. Ces appareils sont des bancs d'essai destinés à mesurer l'efficacité des filtres.

Il importe des USA des bocaux de dix kilogrammes de poussière de l'Arizona, de granulométrie parfaitement connue : cette poussière est injectée dans les fluides à purifier, en amont des filtres. Des prélèvements effectués en aval et analysés à l'aide d'un microscope permettent de déterminer précisément l'efficacité des parois filtrantes. Marc se promet d'élaborer, dès que possible, un processus de mesure plus rapide, les comptages au microscope s'avérant pénibles et fastidieux. Les gammes de contrôles une fois mises au point, il recherche un chef de fabrication. D'où des petites annonces, la réception des candidats, et l'application de quelques tests psychotechniques pour apprécier leur personnalité. Suit la mise au courant de ce chef de fabrication, qui se révèle rapidement être un technicien capable et un bon animateur.

Tout va bien, tout est prêt. Mais il faut concrétiser la commande d'un fabricant d'équipements en série ! Il frappe à plusieurs portes, engage des essais avec différents constructeurs de véhicules dotés d'un moteur à explosion, automobiles, camions, chariots élévateurs. Marc accroche finalement avec Massey-Harris Ferguson[1] sa première affaire : quarante mille

---

1. devenu Massey-Ferguson.

filtres à huile par an ! Il les vend sur plans, en précalculant les gammes de fabrication, non seulement des éléments filtrants, mais des corps de filtre, tête en zamak, cuve en acier embouti.

Il est alors seul sur la planche à dessin, pour créer le prototype. Il engage un jeune chef d'études, puis un projeteur. Une fois les éléments constitutifs dessinés, il les fait réaliser par des fournisseurs. D'où l'obligation de créer l'embryon d'un service achats/ approvisionnements. Il en trouve le responsable parmi le personnel du service achats du département des freins. Son département filtration commence alors à prendre forme : fabrication, laboratoire (contrôle qualité), études, achats (calcul de prix de revient), ventes, secteur dont il assume lui-même l'animation.

Très vite, s'impose la nécessité d'un compte d'exploitation dont il a à rendre compte à la direction générale de l'entreprise. Il se plonge dans quelques livres d'initiation financière, n'étant pas spécialement formé à cette discipline ! En réalité, Marc devient l'homme-orchestre de son nouveau département. Il doit tout créer, tout animer, tout mettre au point.

Dans sa jeune carrière, cette chance est inestimable, car il doit faire face à d'innombrables problèmes : discuter avec des fournisseurs retors, assumer les retours de qualité en provenance de son unique client parfois insatisfait des caractéristiques techniques des matériels livrés, se battre contre sa direction générale pour obtenir des crédits en lui prouvant que le seuil de rentabilité serait bientôt atteint. Il est absolument vital pour la survie de sa petite entreprise de décrocher d'autres commandes.

D'où de nombreux voyages dans toute la France, et bientôt dans les pays voisins, particulièrement en Allemagne et en Italie, pour requérir des demandes de devis de la part des constructeurs automobiles. Car pour alimenter une chaîne d'assemblage capable de produire neuf mille filtres par jour, il ne peut s'adresser qu'à des producteurs de moteurs en grande série (automobiles) ou moyenne série (poids lourds, tracteurs, chariots élévateurs). Il finit par obtenir une importante commande de filtres à huile pour Mercedes-Benz, d'un bon niveau de rentabilité. Belle référence en vérité !

L'objectif «profit» devient une religion. Ce que les Américains appellent la «bottom line», la ligne du bas, où apparaît bénéfice ou perte, est alors une sorte d'abcès de fixation, parfois un cauchemar, quelquefois une grande satisfaction ! Il apprend ce qu'est un retour sur investissement avant de mobiliser une somme financière pour l'achat d'une machine, ce qu'il va rapporter, et surtout sous quel délai.

Marc se bat sur tous les fronts pour asseoir sa petite entreprise. Elle atteint rapidement cinquante collaborateurs, dont quarante-deux productifs, ratio déjà convenable qu'il améliorera ultérieurement. Dire le nombre de nuits qu'il passe à l'atelier ou dans les bureaux est inutile : c'est en effet la rançon à payer pour développer une nouvelle activité et la rentabiliser. C'est une période passionnante pendant laquelle il ne voit pas le temps passer et qui lui apporte d'intenses satisfactions quand les commandes affluent, au bout de deux à trois années d'efforts ininterrompus.

Cette réussite est couronnée lors d'un cocktail de fin d'année où se trouvent réunis tous les cadres de la société. Devant une coupe de champagne, son président lui dit, en aparté :

– Vernon, vous êtes une bonne à tout faire.

Assez interloqué, Marc adresse au grand patron un regard interrogateur. Est-ce un reproche ? Ne se disperse-t-il pas trop ? Le patron sourit, comme s'il lisait parfaitement dans le regard de son collaborateur.

– Vous croyez, dit-il, compte tenu des qualités exigées d'une bonne à tout faire, que beaucoup de patronnes seraient capables de remplir une telle fonction ?

Marc lit heureusement beaucoup. Il comprend que son président parodie Beaumarchais[2], cette phrase étant inspirée d'une célèbre réplique de Figaro, le *Barbier de Séville*.

– Je vois que vous m'avez compris, Vernon. Continuez ! Rien n'est plus formateur que le travail que vous effectuez. J'aimerais dire à de nombreux collaborateurs qu'ils sont des bonnes à tout faire.

---

2. Pierre Augustin Caron de Beaumarchais (1732-1799) : écrivain français.

Un atout : la polyvalence

Une bonne à tout faire : son patron avait ainsi voulu le féliciter pour la polyvalence de ses actions. Bien entendu, Marc avait forcément commis quelques erreurs. D'évidence, il était parfois passé à côté de réalisations plus rentables. Mais qu'importe. Rien n'est totalement idéal.

«N'invente point d'empire où tout soit parfait...
Invente un empire
où simplement tout soit fervent»[1].

L'important est d'agir, de réaliser, de construire, de réussir ! Il est coutumier de dire qu'en France, les idées foisonnent, mais les réalisations sont moins nombreuses.

Tous les ingénieurs doivent tenter de dominer leurs problèmes et surtout de maîtriser l'entière responsabilité d'un domaine d'activité le plus large possible. Foin des horizons étroits ! L'ingénieur généraliste doit rechercher un champ d'action important. Il lui faut assumer le rôle d'un chef d'orchestre animant l'équipe la plus performante possible. Il n'a pas à redouter une technique ou une science qu'il ne connaît pas, mais à la pénétrer, puis à l'asservir. Il faut qu'il ait une profonde confiance en sa formation et en lui-même. L'audace est impérative, conjuguée à une grande capacité de travail.

---

1. Antoine de Saint-Exupéry, dans *Citadelle.*

En ce début d'après-midi, Marc Vernon est de retour dans le parc de la cité universitaire. Il se promène entre les pavillons des nations étrangères et rencontre ses souvenirs à chaque tournant d'allée. Sa deuxième fille Sylviane est née deux ans après Laure. Leur minuscule studio se révéla alors trop petit. Après force recherches, ils réussirent à louer un deux pièces-cuisine à Saint-Ouen - 40 m^2. Quel luxe, après le studio où ils avaient abrité leur premier enfant ! Son épouse Simone ne travaillant plus, Marc avait désormais la charge de «faire bouillir la marmite». Il s'y employait à raison de dix à douze heures de travail journalier, ce qui ne lui laissait que peu de temps pour câliner ses filles. Il se rattrapait pendant le week-end, même quand il se trouvait obligé de revoir un dossier épineux. Il essayait de ne pas travailler plus d'une demi-journée pendant le repos dominical. Souvent, le dimanche, ils se rendaient en banlieue, dans leur «Dauphine», pour déjeuner en famille. C'était la fête : il était devenu le fils qui manquait à ses beaux-parents. Parfois, ils s'en allaient passer le week-end dans le Nord, chez ses propres parents. C'était aussi une grande joie, car leurs visites étaient peu fréquentes.
Ils étaient souvent invités les soirs de semaine par des camarades, ou bien des réunions se déroulaient dans leurs 40 m^2 ! Bridge, poker, canasta clôturaient les soirées. Une intense vie promotionnelle commençait, qu'il se plaisait à attiser : Marc avait été élu «major d'estime», c'est-à-dire délégué de promotion. Les jeunes épouses s'entendaient fort bien, et il n'y eut jamais de problème de coexistence, donc aucun frein à la fraternité de leurs époux.
Quelques feuilles se détachent des arbres et tombent en tourbillonnant gracieusement, dans un dernier vol où elles semblent mettre une ultime élégance avant de disparaître. Marc Vernon continue sa promenade. Il n'est plus mélancolique. C'est le kaléidoscope de sa vie qui passe devant ses yeux. Ce retour aux sources lui est finalement doux.

Savoir-faire et faire-savoir

Marc se promet de rechercher, le plus vite possible, une méthode de mesure d'efficacité des filtres plus performante et rapide que le comptage au microscope des particules ayant traversé la paroi filtrante. Le cessionnaire de licence américain agit différemment pour apprécier le rendement des filtres : il fait circuler des voitures dans le désert de l'Arizona pendant trente mille kilomètres et mesure ensuite comparativement l'usure des segments de piston et des chemises. Ce qui nécessite plusieurs véhicules dotés de filtres plus ou moins efficaces, des mois d'essais et une dépense conséquente.

Au hasard de ses lectures dans des revues techniques, Marc apprend que l'IFP, l'Institut français du pétrole, a mis au point une nouvelle méthode pour apprécier l'efficacité des huiles de lubrification. Un moteur équipé de segments radioactifs, irradiés à la dose de trois millicuries, fonctionne avec différentes huiles dont on mesure l'efficacité : pouvoir couvrant, anti-érosion et anti-corrosion, résistance à la chaleur, etc. L'huile, dans le carter, coule devant des compteurs Geiger et des scintillateurs qui enregistrent en continu son degré de radioactivité. Les segments s'usent, ainsi que les chemises du moteur, laissant partir dans le circuit de lubrification d'infimes particules d'acier radioactives. Ainsi, il est aisé d'établir en quelques heures des relevés précis de l'augmentation de la radioactivité de l'huile, elle-même directement fonction de l'usure du moteur, donc de la qualité du lubrifiant.

Cette idée est géniale. Marc découvre soudainement ce qu'il cherchait depuis des mois : une méthode révolutionnaire pour tester les filtres ! Il faut doter le moteur de filtres d'efficacité différente et leur injecter une poussière de granulométrie connue ! Il demande rendez-vous au responsable des essais moteurs de l'IFP, pour lui exposer son idée. Un cahier des charges est élaboré, le devis des essais à entreprendre, calculé. Il obtient les crédits nécessaires auprès de sa direction générale : les essais commencent. Ils travailleront ensuite de concert sur une cinquantaine de filtres.

L'injection des poussières abrasives, aisée dans la canalisation amont des filtres à huile, ne leur pose pas trop de problèmes. Il n'en est pas de même pour les filtres à air : ceux-ci sont enfermés dans une chambre d'une capacité d'un mètre cube, dans laquelle une sorte de vaporisateur mécanique injecte ces poussières abrasives. Nombre de relevés sont enregistrés. Les essais dureront deux mois.

Les résultats, aisément exploitables, permettent de comparer précisément l'action filtrante de parois diverses. Avec l'aide des industries papetières, ces travaux conduisent à la mise au point de parois filtrantes d'efficacité progressive, à la mesure des pertes de charge engendrées par l'obturation progressive du tissu papetier et à la détermination des vitesses optimales d'écoulement des fluides.

Marc se rend alors compte qu'il possède là une somme de connaissances précieuses. Ne peut-il en extraire quelques lois générales et en tirer une publication ? Il travaille en ce sens, et s'aperçoit qu'il peut envisager de donner une conférence. Venant de s'inscrire à la Société des ingénieurs de l'automobile, Marc pense que ce thème est susceptible d'intéresser cette amicale. Il demande à son directeur général l'autorisation de proposer ce sujet de conférence à la SIA. Ce qui lui est accordé sans difficulté, d'autant que sa direction voit dans cette communication un excellent vecteur de publicité gratuite. Il réalise alors des transparents, des diapositives, et rédige environ vingt-cinq pages illustrées de tableaux et graphiques. Les invitations sont lancées par la SIA, et le grand jour arrive.

Inquiet, Marc lit et relit son texte, puis se rend dans la salle de conférence où deux cents personnes environ attendent. Ô surprise ! Dans les premiers rangs se tiennent son président, son directeur général, et les principaux cadres techniques de sa société. Marc se sent devenir fébrile et sa gorge se serre de plus en plus. Il finit par se résoudre à gravir les quelques marches du podium, se retrouve debout à un pupitre devant un micro. Les lumières s'éteignent. Il se lance. Il a pendant une minute ou deux ce qu'il est convenu d'appeler une voix blanche. Mais, dès le premier graphique présenté grâce au rétroprojecteur, le fait d'abandonner la lecture de son texte et de manier une longue et fine baguette de démonstration le rassure. Il en fait courir l'extrémité sur l'écran, montrant tel détail, expliquant les critères d'élaboration des essais. Quand il revient à son texte, faiblement éclairé par une petite ampoule cachée en haut du pupitre, il n'a plus peur. Et c'est le plus naturellement du monde qu'il poursuit sa conférence. Les applaudissements le laissent étonné, comme émergeant d'un songe. Le jeu des questions-réponses suit, c'est avec décontraction qu'il répond. Marc Vernon a alors vingt-neuf ans. C'est son baptême du feu. Jamais plus, par la suite, il n'hésitera à prendre la parole en public, même devant un auditoire important. Il a compris, ce jour-là, l'importance du faire-savoir.

Savoir faire est bien, faire savoir est mieux

Marc avait déjà acquis quelques notions de base.

Qu'est-ce que la publicité ? C'est l'art de susciter chez le public l'envie de posséder le produit. Et la promotion des ventes ? C'est, à l'inverse, la manière de pousser le produit vers le public.

Qu'est-ce que la communication ? C'est la façon d'effectuer tout à la fois une publicité de prestige et une promotion des ventes efficace, nettement moins onéreuse que toute action publicitaire ou promotionnelle classique. À condition, bien entendu, que la communication orale, quand il s'agit de conférence, soit relayée par une excellente information écrite (revues, journaux, magazines...).

Quoi de plus efficace, pour augmenter le volume des ventes, que de parler et de faire parler du produit ? Le levier journalistique est puissant, mais les journalistes ne sont pas spécialement «maniables». Il est des précautions sérieuses à prendre dans l'établissement de relations avec ces professionnels intransigeants...

Les journalistes

Les industriels sont fréquemment interviewés par des journalistes.

Il est également possible de faire appel à la presse spécialisée pour soutenir une image de marque ou lancer un nouveau produit. Marc Vernon se souvient d'un produit antiglisse à lancer en même temps que l'antigel Lockheed.

Lors d'un voyage aux États-Unis, il se rend à la convention automobile de Las Vegas. C'est un salon des équipementiers automobiles traité à l'américaine, c'est-à-dire avec des bonimenteurs, des jongleurs, des prestidigitateurs, chaque stand ayant à cœur d'offrir une attraction pour amuser les chalands. Notre visiteur se distrait : c'est une tout autre ambiance que celle régnant dans les présentations d'automobiles et d'équipements en France.

L'un des stands attire l'attention de Marc Vernon. Une grande plaque de caoutchouc lisse est placée sur un plan incliné. Extraits d'un réfrigérateur, des cubes de glace de cinq centimètres de côté sont présentés aux visiteurs pour qu'ils les fassent glisser sur la plaque de caoutchouc. Évidemment, le caoutchouc n'offre aucune résistance au maniement de ces cubes. Le bonimenteur intervient alors : à grands renforts de plaisanteries, il recouvre une partie de la surface caoutchoutée d'un film vaporisé par une petite bombe d'aérosol. Trente secondes après, le solvant s'étant évaporé, le film accroché au caoutchouc est rugueux. Les badauds tentent alors de faire glisser le cube de glace : impossible ! Le produit vaporisé se nomme «liquid tyre chain» (chaîne liquide de pneu).

Il est aisé de comprendre la suite de la démonstration : ce produit, en cas de verglas, se vaporise sur les pneus des roues motrices de la voiture. Une petite minute après, le véhicule retrouve une meilleure adhérence. Évidemment, la couche rugueuse s'use très rapidement, après une dizaine de kilomètres, mais des routes infranchissables par verglas peuvent être empruntées. Marc prend rendez-vous à Detroit avec la société distributrice de cette nouveauté, et réussit à s'en assurer l'exclusivité en France.

Il le baptise «stabloverglas». Mais comment faire connaître ce gadget, nouveau et utile, aux automobilistes ? Il a l'idée de faire appel à l'Auto-Journal. Il loue pour une nuit une patinoire de la région parisienne, y fait introduire sa voiture, une DS, sur la glace. Devant les journalistes, il l'arrime à un poteau à l'aide d'un câble équipé d'un dynamomètre.

Première expérience : il embraie doucement, câble tendu, et les journalistes notent la valeur dynamométrique à laquelle les pneus tracteurs se mettent à patiner sur la glace. Seconde expérience : il vaporise son stabloverglas sur les pneus des roues tractrices, attend une minute et réitère la manœuvre. Cette fois, la valeur de traction relevée au dynamomètre est multipliée par un coefficient de dix ! Troisième expérience : sans stabloverglas, il est impossible de faire tourner la voiture sur la patinoire à plus de 10 km/h. Il apporte la preuve, avec le stabloverglas, qu'il peut atteindre 30 km/h, ayant à bord un journaliste relevant la vitesse au compteur.

Ce qui doit arriver se produit. À 35 km/h, du fait de la force centrifuge, la voiture «décroche» et glisse tout droit vers la barrière de la patinoire. Résultat : le châssis de la DS est raccourci d'environ un centimètre, le capot avant ne ferme plus correctement, et une partie de la barrière est détruite !... Les journalistes ont le bon goût de n'en point faire état, et rapportent fidèlement les valeurs dynamométriques constatées, lesquelles justifient sans contestation possible l'utilité de ce produit antiglisse. L'hiver suivant, la société vendra trois cent mille bombes de stabloverglas. Marc noue là une agréable relation avec la presse.

Mais il n'en est pas toujours de même ! Plus tard, il aura souvent à fréquenter d'autres journalistes, et s'apercevra que certains d'entre eux comprennent mal les propos qu'ils notent ou enregistrent au magnétophone, et de ce fait, écrivent de mauvais «papiers». Certains articles sont émaillés d'inexactitudes. Marc propose donc de les relire avant parution. Rares sont les journalistes qui acceptent. Les plus nombreux ne condescendent pas à permettre cette relecture qu'ils assimilent à une censure. «Mais enfin, s'indigne Marc Vernon, vous êtes totalement maîtres de ce que vous écrivez ! Vous n'êtes pas obligés d'adopter les modifications proposées, lesquelles en fait vous sont utiles pour que votre article soit exact et tienne debout...» Rien à faire avec certains journalistes : «Fi donc, une relecture ! Pour qui nous prenez-vous ?»

Tirant les leçons de ces constats, Marc prend, par la suite, d'infinies précautions pour exposer un sujet, quel qu'il soit, à ces professionnels de la plume, parfois trop pressés ou insuffisamment formés pour dominer correctement un sujet économique ou technique dont ils entendent parler, souvent, pour la première fois. C'est dire combien il se méfie des jeunes journalistes, les anciens ayant roulé suffisamment leur bosse pour lui inspirer confiance.

Relations avec la presse : prudence

La publicité est coûteuse. Toute promotion des ventes également. Un article bien rédigé dans un journal à grand tirage constitue une aide précieuse pour le lancement d'un nouveau produit.

Mais la presse se veut, à bon escient d'ailleurs, et c'est heureux, indépendante et libre. Il est donc prudent, avant toute interview, de bien fixer les règles du jeu avec le journaliste. Les thèmes à aborder, ceux qu'il n'est pas souhaitable d'évoquer, les conditions d'essais, etc.

Si l'accord intervient, plus de problème ! Sinon, il est préférable de s'abstenir. Un mauvais article fait du mal, alors que le silence n'est pas forcément porteur d'inconvénient.

Le bon «papier» dépend aussi de la clarté des réponses faites au journaliste et de la maîtrise technique à faire valoir. Trop d'entreprises délèguent un simple agent de communication pour assurer cette importante phase promotionnelle. Cette attitude suffit à braquer le journaliste sérieux et expérimenté qui recherche, dans un souci de bonne information, le spécialiste capable de répondre précisément aux questions les plus délicates. Les groupes qui adoptent une politique d'information «vérité» ont, en règle générale, à se féliciter des relations établies avec les journalistes.

Il convient aussi de savoir que l'interview a pour objectif de pousser la personne dans ses retranchements afin de faire surgir chez elle, éventuellement, des idées auxquelles elle ne penserait pas. C'est une règle du jeu souvent rugueuse qu'il faut admettre et qui procure, après une certaine expérience, de fortes satisfactions intellectuelles.

«Every cloud has a silver lining»[1].

Il y a donc toujours un léger risque à recourir à la presse. Mais quelles sont les actions s'avérant intégralement fiables, et totalement dénuées de tout inconvénient ?

Il ne doit pas en exister beaucoup, car... elles seraient maintenant connues de tous !

1. «Chaque nuage a une bordure d'argent» : toute chose a un bon et un mauvais côté.

Humour et hiérarchie

Marc Vernon s'est déjà trouvé confronté à son président, à son directeur général, et, lors de ses débuts, au chef du bureau d'études. Il a toujours tenté de trouver un juste équilibre, dans son attitude, entre le respect normalement dû à des échelons hiérarchiques supérieurs, et son franc-parler. A-t-il mis quelques onces de flatterie dans ses relations avec ses patrons ? Honnêtement, non, ou alors très rarement. Fallait-il se montrer servile ? Sûrement pas. Devait-il au contraire élever une barrière courtoise, mais ferme, entre lui-même et ses chefs ? Difficile à déterminer.

Marc s'en ouvre alors à l'un de ses anciens, un parrain d'école, qu'il a l'occasion de rencontrer au cours d'un dîner promotionnel.

– Attitude ferme, lui demande-t-il, ou au contraire beaucoup de souplesse d'échine ? Les patrons aiment-ils ceux qui leur résistent ? Peut-on se montrer obstiné ? Admettent-ils une forte personnalité ?

Son ancien sourit, et lui répond :

– Mon jeune ami, je vais te faire parvenir sous quelques jours une histoire humoristique écrite par mon délégué de promotion. Je crois, dans son outrance, qu'elle répondra à peu près à ta question. Lis-la, et nous en reparlerons.

En effet, quelques jours après, Marc reçoit par courrier ce texte :

> «Récemment nommé à la tête d'une entreprise, le nouveau président-directeur général, souhaitant prendre contact avec ses directeurs, les rassemble en salle de conférence.
>
> – Messieurs, leur dit-il après s'être présenté, je passerai vous voir en vos bureaux, et nous y ferons plus ample connaissance. Je vous poserai

à tous une question, que j'estime capitale, la même question pour tous, d'ailleurs, et j'apprécierai ainsi vos réactions. À tout à l'heure...
Et les directeurs, intrigués et vaguement inquiets, de rentrer dans leurs bureaux.
La première visite du nouveau P-DG est pour le directeur de la qualité.
– Mon cher, voici ma question : deux et deux selon vous, cela fait combien ?
– Pardon, monsieur le président ?
– Seriez-vous sourd, mon cher ? Je répète, deux et deux font combien ?
Le pauvre directeur de la qualité, estimant devoir se jeter à l'eau, se décide à répondre :
– Quatre, monsieur le président, et j'y tiens beaucoup. Assez de dérogations, les tolérances sont trop larges, les dispersions trop importantes. Cela fait quatre, je persiste et signe, et foin des éternels «plus ou moins» quelque chose. Trop c'est trop !
– Tiens, tiens, se dit le nouveau P-DG. Serais-je bien tombé, dans cette société ? Continuons donc, pour voir.
Il entre alors dans le bureau du directeur de la communication.
– Et pour vous, deux et deux, cela fait quoi ?
– Bah, dit ce directeur, je vous propose que cela fasse quatre.
– Comment, vous me proposez ? sursaute le président.
– Oui, monsieur le président, je ne crois pas qu'il faille assombrir notre image de marque, actuellement quelque peu compromise avec les journalistes. Tenons-nous en au classicisme le plus rigoureux, et évitons toute originalité de mauvais aloi. C'est dit, monsieur, je préfère quatre.

Un peu dubitatif, le nouveau P-DG rencontre alors le directeur technique de la société.
– D'après vous, deux et deux, cela donne quoi ?
– Ah, très bonne question, monsieur le président. Je vais réunir mes ingénieurs, nous allons établir un programme informatique : vous comprenez, cela dépend si le raisonnement s'effectue en espace tri ou quadridimensionnel, en géométrie euclidienne ou non, et bien sûr, je simplifie ! Cela ne devrait pas être trop éloigné de quatre, mais encore faut-il attendre les résultats de l'étude. Disons, dans quarante-huit heures.
– Hein, quarante-huit heures ? sursaute le président.
– Monsieur le président, pour une question d'une telle importance, vous savez, c'est peu !
Très étonné, le P-DG entre alors dans le bureau du directeur des achats.
– Deux et deux, cela fait combien, pour vous ?
Sans une seconde d'hésitation, celui-ci répond :
– Trois virgule six, monsieur le président, parce qu'avec moi, il y a toujours, à la base, 10 % d'abattement. Mais si je puis, avec votre permission, prospecter le sourcing extrême-oriental, je pense arriver à trois virgule deux.
Le nouveau P-DG rend visite au directeur des ventes et du marketing.
Dès la question posée, celui-ci répond, avec un superbe aplomb :
– Au minimum cinq, monsieur le président, avec mes méthodes multiplicatrices de promotion prospective, mes mailings hyper-activés et ma pub choc. Et si vous me permettez d'organiser quelques voyages «incentive»[1] bien ciblés et des

1. Voyage incentive : voyage promotionnel d'encouragement destiné aux clients.

cocktails de réactivation des relations préférentielles interentreprises, je peux m'engager à atteindre six, peut-être six et demi ! C'est même un challenge qui me passionnerait, monsieur.
Quelque peu décontenancé, le nouveau P-DG s'adresse alors au directeur des ressources humaines.
– Avec deux et deux, lui répond ce dernier, j'ai toujours réussi à atteindre trois; vous comprenez, quand vous compressez deux établissements, vous dégraissez aisément les pyramides hiérarchiques, de la pointe à la base. Un minimum de directs, une évaporation intelligente des indirects, des frais fixes rabotés, trois, vous dis-je, monsieur, et je m'estime modeste...
Un crochet par le bureau du directeur de production déclenche la réaction suivante :
– Deux et deux équipes, cela pourrait faire un trois-huit banal. Mais c'est insuffisant. C'est un sept sur sept que nous devons atteindre en constante toute l'année, selon le concept 8 760.
– 8 760 quoi ? hasarde le P-DG, abasourdi...
– 8 760 heures par an, monsieur le président, voyons... C'est 24 heures par jour, pendant 365 jours par an. C'est un objectif de productivité optimal, dû au rendement maximal des machines et qui conférera une rotation des stocks radicale, si nous savons maintenir une présence totale grâce à un intéressement... minimal.
Dernière visite pour le directeur financier. Avec le soupir de celui qui s'attend désormais à tout, le P-DG lui pose alors sa question. Le directeur financier se lève, l'œil brillant, ferme soigneusement la porte, tire les rideaux de sa fenêtre, regarde sous le bureau s'il n'y a personne, et répond à mi-voix, avec l'air doucereux et enga-

geant d'une péripatéticienne de grand professionnalisme :

– Mais... Combien souhaitez-vous que cela fasse, monsieur le président ?»

Marc Vernon revoit son ancien, comme prévu, la semaine suivante, au cours d'un dîner amical en tête-à-tête.

– Si j'ai bien compris ton histoire pleine d'humour, on peut tout dire à son patron, à condition d'y mettre les formes ?

– Non seulement on peut tout dire, oui, mais surtout on doit tout dire. Sache qu'un certain Detœuf[2], honorable polytechnicien, dans un remarquable ouvrage intitulé *Propos de O.L. Barenton, confiseur*[3], livre que je te conseille vivement de lire, a écrit : «Il y a le chef à qui on n'annonce que les bonnes nouvelles, et le chef à qui on n'apporte guère que les embêtements; le second est un homme heureux.» Il voulait vilipender ainsi les collaborateurs qui ne font état auprès de leur chef que de leurs succès, en tentant de cacher leurs échecs.

2. Auguste Detœuf (1883-1947) : polytechnicien - ingénieur des Ponts et Chaussées, industriel, penseur, écrivain, journaliste.
3. publié par les Éditions d'organisation.

Comment se comporter avec sa hiérarchie

Les relations doivent être totalement confiantes, ouvertes, entre un collaborateur et son patron.

La franchise est une question d'honnêteté intellectuelle. Même si elle amène à tenir des propos qui vont à l'encontre des thèses directoriales, le tout est d'être suffisamment astucieux pour savoir présenter son point de vue, voire sa conviction.

Il est rarement dangereux de tenir tête à son chef si des arguments pertinents lui sont présentés avec finesse et respect. Le problème consiste à lui montrer qu'il serait préférable d'adopter telle solution, différente de la sienne, pour un certain nombre de raisons à lui énumérer. S'il désire pousser le collaborateur dans ses retranchements, il faut que celui-ci résiste poliment, mais fermement, et défende sa thèse. Si le patron s'obstine, lui faire savoir que son ordre sera exécuté avec tout le zèle nécessaire, même s'il est désapprouvé.

La plupart des patrons intelligents acceptent cette attitude. Ils aiment avoir devant eux une personnalité affirmée. Les timorés ne font pas recette auprès d'eux.

Bien sûr, à toute règle, l'exception ! Mais alors la solution est simple : si le patron est incapable de souffrir la contradiction, la paranoïa est proche ! Auquel cas il faut partir : il y a de fortes chances pour que l'entreprise décline rapidement...

Il est donc souhaitable de se montrer toujours assuré avec ses chefs, et de défendre ses convictions en toutes circonstances, mais avec tact et diplomatie.

La famille s'est agrandie : Agnès est née, et, cette fois-ci, Marc a pu assister à l'accouchement. Il se souvient avoir eu le sentiment de souffrir autant que Simone. Malheureusement, il ne pouvait guère l'aider qu'en lui essuyant le front de temps à autre et en lui tenant le bras pour marquer sa présence affectueuse. Et ce fut le premier vagissement d'Agnès, bref et clair.
Leur 40 m^2 devient insuffisant. Avec l'aide financière de ses parents, il achète en banlieue une grande maison d'une dizaine de pièces, au milieu d'un jardin spacieux. Le prix est abordable, compte tenu de la vétusté des installations et de l'état des planchers. Pendant la guerre, cette maison avait été successivement occupée par les troupes françaises, allemandes et américaines. D'où de multiples dégradations. Marc retire même, à l'aspirateur, une partie des poutres de ses planchers, totalement mangées par les vers !
Ils mettront quelques années à restaurer leur nouvelle demeure. Et il y seront heureux.

L'oiseau prend son vol

Très vite, l'industrie automobile ne suffit plus à Marc Vernon. Une concurrence effrénée règne en effet dans le domaine des éléments consommables tels que filtres, bougies, ampoules, huiles..., un marché très convoité. Toute la chaîne de distribution des pièces et accessoires pour l'automobile affectionne particulièrement le domaine du consommable, générateur de bénéfices renouvelés, que ce soit l'équipementier lui-même, les grossistes ou les concessionnaires et garagistes.

Il faut donc se diversifier auprès de toutes sortes d'industries. En premier lieu, l'aéronautique attire Marc, et il met au point les filtres des circuits hydrauliques de la Caravelle, puis ceux des hélicoptères Sikorsky en se rendant fréquemment à Toulouse-Blagnac et Marignane. Fort des références ainsi acquises, il n'hésite pas à aborder les usines d'armement et réussit à obtenir les commandes des filtres du missile Hawk pour les circuits hydrauliques des gouvernes. Les arsenaux français et étrangers l'accueillent alors. Il prospecte les constructeurs de moteurs de bateaux, ce qui lui donne l'occasion de travailler avec la SFAC[1] au Creusot pour filtrer l'huile d'un moteur de pétrolier, engin énorme dont les pistons font un mètre de diamètre. Le débit à filtrer atteint 2 500 litres par minute !...

Pour ce projet, les filtres mis au point par son bureau d'études, qui comprend désormais quatre dessinateurs, sont des cylindres d'un mètre cinquante de diamètre sur deux mètres de hauteur, équipés de dizaines de cartouches filtrantes. D'où une nouvelle spécialisation en chaudronnerie-tôlerie pour fabriquer ce type de cuves soudées. Il réalise progressivement toute une gamme de filtres, du plus petit, en toile

1. SFAC : Société française des aciers du Creusot.

métallique très fine et de la taille d'une moitié de cigarette, au plus gros, des cuves pesant plusieurs tonnes.

Tout fluide peut être épuré, que ce soit l'eau, les huiles, l'air, les gaz, les produits chimiques les plus divers. Cela amène Marc à fréquenter de très nombreuses industries. Mises à part l'automobile et l'aéronautique, qu'il connaît déjà bien et qui lui ont servi de tremplin, il travaille avec les fabricants de tracteurs agricoles, d'engins de travaux publics, de chariots de manutention. Il épure de nombreux produits chimiques, parfois très corrosifs et nécessitant l'emploi d'aciers spéciaux. Il fait des incursions dans la sidérurgie, obtient des commandes de l'industrie des machines-outils, se mêle de filtrer des produits consommables dans l'industrie agro-alimentaire, en employant des aciers inoxydables. Cette activité présente un champ d'action quasi illimité, et c'est ce qui le passionne.

Marc réalise une documentation détaillée concernant la gamme des matériels offerts à la vente, ce qui a pour avantage de le faire pénétrer dans les milieux de la publicité, puis dans celui des imprimeurs. Il crée un réseau de représentation couvrant la France entière, composé d'ingénieurs technico-commerciaux recrutés via les petites annonces.

D'où de multiples tournées de soutien à ses équipes. Il va de Dunkerque à Marseille et de Brest à Strasbourg plusieurs fois par mois, additionne les kilomètres voiture, connaît les wagons-lits, prend très souvent l'avion. Cette vie trépidante lui convient à merveille par la diversité des problèmes à résoudre et la richesse des contacts pris avec ses différents interlocuteurs.

La période des vacances est aussi employée à effectuer des essais. En particulier sur les filtres à air prototypes, dont il équipe sa voiture. Sur certaines petites routes secondaires d'Espagne, il s'astreint, au grand dam de Simone, à suivre des véhicules soulevant un énorme nuage de poussières, ravi de charger ainsi d'impuretés les parois filtrantes de son prototype. Il change de cartouche filtrante tous les trois cents kilomètres et les stocke dans son coffre, faisant fi des récriminations familiales devant cette réduction du volume réservé aux valises et autres cartons de souvenirs, acquis lors des visites.

Pendant les périodes de détente, Marc se rend compte que son travail l'absorbe, empiète sur sa vie familiale. C'est une fièvre créatrice constante, une boulimie commerciale ininterrompue, une lutte de tous les instants contre toute forme d'inertie. C'est ainsi qu'il aime travailler, dans la créativité et le combat.

Son département compte désormais une centaine de personnes, atteint un chiffre d'affaires confortable, réalise des bénéfices significatifs. Marc a été nommé directeur de département il y a quelques années, et jouit d'une bonne réputation auprès de ses patrons, président-directeur général et directeur général adjoint.

À ce stade de sa carrière, il ne pense pas devoir évoluer vers d'autres activités. Il croit qu'il aura à développer son département jusqu'à en faire une société satellite de l'entreprise mère. Mais sa direction en décide autrement : Marc Vernon reçoit instruction de se trouver un successeur.

L'intérêt d'une mobilité fonctionnelle

Heureux l'ingénieur qui aura eu l'opportunité d'assumer de nombreuses fonctions dans son cursus. La fonction études, recherche et développement est prenante : car elle confère la joie profonde de la création. La fonction production est astreignante, mais très intéressante : de fait, elle oblige au respect des cadences, des délais, de la qualité. C'est toujours un défi. À elles deux, ces fonctions sont à la base du triptyque prix-qualité-délais.

La fonction commerciale / ventes est passionnante, car elle force à se mesurer à des adversaires (concurrence) et des partenaires (clients) de valeur, un kaléidoscope humain extrêmement diversifié.

La fonction achats est vitale, puisqu'elle porte en général sur une importante fraction du chiffre d'affaires. Il faut pour occuper ce poste un ingénieur très compétent et combatif, capable d'étudier les gammes de fabrication de ses fournisseurs, de participer à leur amélioration de façon à pratiquer une dichotomie intéressante pour sa société, portant sur un partage négocié entre les partenaires des retombées économiques de ces améliorations.

La fonction financière est indispensable dans la mesure où elle éclaire la marche de la société. Bien d'autres fonctions, telles que maintenance, travaux neufs, formation, marketing, constituent des champs d'action également très importants dans lesquels les ingénieurs font carrière, en profitant parfois d'un enseignement complémentaire.

Qu'est une entreprise ? C'est un train dont la locomotive est commerciale, et dont tous les wagons, les autres services, sont à aménager soigneusement. Leurs poids relatifs sont à déterminer en fonction des produits fabriqués et de la philosophie industrielle de cette entreprise.

Il est une boutade à ne jamais oublier :

> *«On doit fabriquer les produits que l'on peut vendre, et non pas vendre les produits que l'on peut fabriquer.»*

Cet adage a été magnifiquement illustré par un dessin humoristique paru dans «The Times» : deux gentlemen anglais (pléonasme, bien sûr, car il n'est de gentlemen qu'anglais...) contemplent sur un tableau mural un graphique fortement dégressif, les ventes cotées sur l'axe des ordonnées, et les années sur celui des abscisses. Les ventes s'effondrent donc, et l'un des gentlemen dit à l'autre : «Et pourtant, nous fabriquons les meilleurs fiacres du monde !»

Oui, Marc en convient. Son travail l'a dévoré. Mais pas au point de l'empêcher de profiter de ses enfants. La vie familiale a toujours été privilégiée pendant les vacances du mois d'août. Ils allaient souvent en Espagne, puis en Corse, pour bénéficier d'un temps chaud et d'une mer à température agréable. Ils louaient un appartement sur la Costa Brava, ou à Laredo sur la côte Atlantique. En Corse, c'était un hôtel de Propriano qui les accueillait.

Fréquemment, ils se joignaient à l'un de ses camarades de promotion et à sa famille : tous les enfants jouaient ainsi de concert sur la plage. Marc parvenait également à prendre une semaine de sports d'hiver, et, pendant que Simone effectuait de longues promenades dans les sentiers enneigés, il dévalait les pentes avec ses filles qui bientôt filèrent plus rapidement que lui ! Des parties de tarots endiablées meublaient leurs soirées, souvent partagées avec des amis, surtout des couples de la promotion et leurs enfants.

La promotion devenait ainsi une seconde famille...

Un tournant de carrière

De nouveau, un changement radical d'orientation se profile pour Marc Vernon. Convoqué par la direction générale, il apprend qu'il lui faut abandonner sa fonction actuelle dès que possible, toutefois sous un délai raisonnable.

– Vernon, lui dit son patron, cela fait huit ans que vous dirigez le département filtration, avec succès d'ailleurs, je me plais à le reconnaître. Vous avez montré à ce poste que vous possédez des qualités d'animateur et de commerçant. Il nous faut, au département freinage, un directeur technico-commercial pour remplacer celui qui va bientôt partir en retraite. J'ai donc pensé à vous, mais sous réserve de respecter deux conditions : la première est de vous trouver un successeur à la tête du département filtration, la seconde est de suivre une formation commerciale complémentaire. Vous agissez d'instinct en ce domaine, sans avoir acquis les connaissances de marketing qui ne vous ont pas été enseignées aux Arts et Métiers. Or, elles se révèleront indispensables pour occuper avec succès vos nouvelles fonctions. Je suppose que vous êtes d'accord ?

Comment répondre à une telle question, sinon par l'affirmative ? Marc commence donc à rechercher son successeur. Il ne peut méconnaître toutefois qu'il existe pour lui un certain danger dans cette manœuvre. Il va asseoir sur son fauteuil quelqu'un qu'il va former au mieux, lui laissant en quelques mois les rênes de la direction du département, afin de se rendre lui-même disponible. Et si, après quelques mois, la politique de la direction générale évoluait ? Si une fusion se produisait ? Si un ami du président souhaitait entrer dans la société pour occuper le poste de directeur technico-commercial ? Si, si, si… Demander alors à la direction générale un contrat ? D'évidence, elle refuserait, pensant qu'il est des risques à savoir prendre dans une carrière de cadre. Il décide donc de ne laisser paraître aucune inquiétude, et de jouer le jeu, sportivement.

Marc pense qu'il ne faut pas hésiter à trouver un successeur absolument remarquable. D'instinct, il sait déjà que les patrons qui réussissent sont ceux qui savent s'entourer de collaborateurs de premier plan, et s'appuyer sur eux pour mieux asseoir leur succès. Les responsables qui tentent d'embaucher des collaborateurs systématiquement moins forts qu'eux ne font jamais une belle carrière ! Ce sont des craintifs pusillanimes manquant de confiance en eux.

Ayant ainsi fixé son objectif, Marc prospecte dans le cadre de plusieurs formations, et finit par trouver la perle rare : un ingénieur Arts et Métiers trilingue anglais, allemand, français, ce que Vernon n'est pas, puisqu'il ne parle qu'anglais. Embaucher un gadzarts expérimenté, excellent technicien et bon commerçant, ayant déjà une expérience en commerce international, lui fait plaisir. Il lui transmet son savoir en filtration et l'accompagne aux États-Unis pour lui faire visiter les différentes usines du cessionnaire de licence.

Ils vont tous deux de la côte est à la côte ouest, le groupe américain possédant de nombreuses usines disséminées dans divers États. Ils s'accordent quelques jours pour faire un peu de tourisme, visitent Las Vegas, font connaissance avec l'enfer du jeu dans un casino, le fameux Caesar's Palace, louent une voiture avec conditionnement d'air pour traverser les déserts du Nevada (l'étrange Valley of Fire aux rochers finement ciselés d'un rouge éclatant) et de l'Arizona, se perdent dans une réserve indienne où ils aperçoivent des «Peaux rouges» qui les accueillent à coups de pierre, et admirent l'un des plus hauts barrages du monde, deux cent vingts mètres, le Hoover Boulder Dam, sur la Colorado River.

Ils veulent absolument visiter une ville fantôme, «a ghost town». Munis d'une carte détaillée, ils roulent, hors de toute route, au milieu d'énormes cactus de quatre à cinq mètres de haut, sur les pistes poussiéreuses de l'Arizona, sans arriver à localiser cette ville, quand, au détour d'une colline, ils aperçoivent une voiture arrêtée occupée par deux personnes. C'est depuis deux heures le premier signe de vie rencontré ! Ils se précipitent donc vers cette Ford T, pour dialoguer avec le chauffeur, qui lit son journal, et sa femme, tricotant à ses côtés. Ils demandent évidemment où se situe cette agglomération inaccessible, et reçoivent alors cette réponse mémorable :

– I am the ghost town keeper !

Ils viennent de s'adresser au gardien de la ville fantôme ! C'est un métier insolite que de garder une ville inexistante ! Après incendie, des ferrailles, des tessons de verre, des planches enclouées ont été peu à peu recouverts par la végétation, et il ne faut pas que des imprudents puissent se blesser. L'État de l'Arizona a donc délégué un de ses fonctionnaires pour garder ces reliques. Ce sera là un des meilleurs souvenirs de nos deux ingénieurs.

Rentrés en Europe, ils prennent encore contact avec d'autres licenciés du groupe américain, particulièrement en Allemagne et en Italie. Trois mois plus tard, Marc Vernon estime que son successeur est prêt à assumer ses nouvelles fonctions. Il se met donc à la disposition de la direction générale.

Savoir choisir ses collaborateurs

Allait-il gagner ? Allait-il perdre ? Marc n'avait strictement rien à regretter : une attitude «sportive» est, en principe, toujours appréciée. Mettre en place un successeur médiocre et risquer de voir péricliter sa propre réalisation n'est pas une manœuvre intelligente. Un cadre doit défendre son entreprise en toutes circonstances. C'est une question d'honnêteté intellectuelle. Il faut se soumettre à une politique de groupe, ou se démettre : il n'est pas d'autres voies.

Un cadre, et a fortiori un cadre supérieur, est partie intégrante de son entreprise. En tant que «serviteur» de haut rang, en principe correctement rémunéré, il se doit, en contrepartie, d'apporter à son entreprise tout son savoir et toute son énergie.

C'est également la raison pour laquelle il est impératif qu'il sache s'entourer de collaborateurs le plus possible intelligents et efficaces. À cela se reconnaissent les grands et véritables chefs, qui n'hésitent pas à manager des cadres plus expérimentés qu'eux-mêmes. Un chef d'orchestre choisirait-il des exécutants de second ordre de peur que l'un d'entre eux lui ravisse sa baguette ? Il ne pourrait alors s'agir que d'un orchestre sans grand talent ni renom. Un patron digne de ce nom est celui qui sait s'entourer de collaborateurs de premier plan et les valoriser.

Que les jeunes ingénieurs le sachent bien et en tiennent compte dans leur vie professionnelle :

«Qui craint d'avoir des collaborateurs éminents
n'est pas un chef.»
Auguste Detœuf (op. cit.).

Une formation complémentaire

Convoqué dans le bureau du directeur général, Marc apprend que celui-ci prépare un programme de formation très précis. Une semaine sur deux pendant six mois, soit trois mois «full time»[1].

– Après réflexion, ce n'est pas seulement une formation marketing que vous allez recevoir, Vernon, mais également des cours de management. Vous aurez à vous initier à votre future fonction de directeur technico-commercial une semaine sur deux, auprès de celui que vous allez remplacer, et à suivre des séminaires la semaine suivante. Je suppose que vous êtes conscient de l'effort déployé par la société à votre égard. C'est un investissement que nous effectuons sur vous. Ne l'oubliez pas...

Ce sont six mois extrêmement bénéfiques : le plaisir, d'abord, de revenir au département freinage, de se mettre au courant de l'évolution des toutes dernières techniques, comme par exemple le servo-freinage, d'apprendre les nouvelles caractéristiques des huiles de freinage résistant à des températures extrêmes, de découvrir les nouveaux répartiteurs de freinage réagissant aux variations des charges du véhicule...

Les séminaires qu'il a à suivre l'enchantent. Ils se déroulent dans des châteaux de la région parisienne, avec des «élèves» de différentes formations, venant d'entreprises diverses, occupant des fonctions dissemblables. Cette variété est enrichissante. Et la «vie de château» très agréable : nourriture soignée, discussions passionnantes, soirées bien remplies (bridge, ping-pong, échecs...). Début de séminaire le lundi matin à neuf heures, et retour au foyer le vendredi à dix-huit heures. Une coupure totale de la vie professionnelle. Un milieu effervescent d'idées !

---

1. Full time : à temps plein.

Les cours de marketing dispensés par différents professeurs-animateurs commencent par la publicité et la promotion des ventes. Marc apprend force concepts théoriques, mais plus encore des faits d'expérience. À titre d'exemple, en publicité, l'attrait de l'emballage au détriment de la valeur intrinsèque du produit. Une bouteille de porto est divisée en deux autres bouteilles, l'une présentée en emballage classique, l'autre incluse dans un splendide carton argenté et doré. Ces deux portos (le même, donc) sont donnés à «taster» à de nombreuses personnes. Neuf fois sur dix, le porto présenté dans l'emballage luxueux est déclaré nettement meilleur que l'autre !

Il apprend ce que signifie un prix apparent : une bouteille de champagne, c'est 60 à 80 francs pour un ouvrier, c'est 130 à 150 francs pour un cadre moyen, c'est 200 à 300 francs pour quelqu'un de très aisé, facteurs primordiaux dont il faut tenir compte pour effectuer un ciblage marketing. Il étudie comment rédiger et mettre en page une affiche (qui ne doit pas comporter plus de cinq mots pour être perçue par un automobiliste roulant à 80 km/h). Il sait comment bâtir une campagne publicitaire, comment réaliser des présentoirs promotionnels.

Il est sensibilisé à se méfier des emballages du type «blister», petite boîte en plastique transparent rigide, empêchant l'utilisateur de tâter le produit. Les fourchettes présentées en vrac se vendent mieux qu'en blister, les ménagères pouvant éprouver les pointes et l'élasticité des dents, alors que l'objectif de la grande surface consiste à en vendre deux par emballage, dans le but d'augmenter le volume des ventes : mauvais calcul !

On pourrait, à ce stade, se demander quelle est l'utilité réelle de telles connaissances pour l'industrie automobile ! Mais Marc Vernon applique rapidement les leçons reçues, en étudiant la présentation du nouveau bidon d'huile Lockheed. Il demande à son chef de publicité de recueillir tous les récipients d'huile pour moteurs, de freinage, etc. Il fait dresser une pyramide analogue à celles formées par les boîtes de conserve que l'on doit abattre dans les foires en lançant un projectile. Au vu de cette pyramide, il faut trouver un emballage chatoyant, attirant, ne ressemblant à aucun autre. Différentes «robes» de décoration sont alors exécutées, les bidons ainsi habillés placés dans la pyramide : il y a toujours analogie, ressemblance avec un autre graphisme.

C'est en contemplant le pull-over de ses fillettes, Laure et Sylviane, que notre publicitaire en herbe trouve la solution. Ce pull, de fond blanc, est strié de raies bleues de différentes largeurs dont l'importance va décroissant depuis la ceinture jusqu'au col. Marc est frappé par la sensation de fluidité se dégageant de ce dessin. Son chef de publicité reproduit ce graphisme bicolore sur un bidon. Intégré dans la pyramide, celui-ci se révèle d'une véritable originalité, à telle enseigne qu'il sera encore exposé dans les vitrines des garagistes plusieurs décennies après sa conception.

Marc Vernon acquiert bien d'autres connaissances en ce domaine, avant de suivre des cours de prévisions et statistiques des ventes, de psychologie des acheteurs, des impératifs de maintenance, etc.

Il est envoyé à Lausanne, sur les bords du lac Léman, pour s'initier aux différentes techniques de management par la méthode des cas. Le groupe des participants est divisé en sections de travail, chacune devant étudier les différentes approches de résolution des problèmes posés. Chaque section dépose ses conclusions, et l'animateur effectue des rapprochements, émet des critiques, dresse une synthèse constructive. Il s'agit d'un travail d'analyse à partir d'un descriptif de l'entreprise, de ses marchés, des éléments clefs de son bilan et de son compte d'exploitation, débouchant sur l'élaboration d'une politique financière et commerciale. Marc Vernon vit intensément cette période d'acquisition de nouvelles connaissances, et se promet bien d'en tirer un profit maximum. Sa formation complémentaire terminée, il revient à temps complet dans l'entreprise. Il se sent dès lors un autre homme. Il vient de gravir une marche. Il commence à appréhender les problèmes avec plus de recul, plus de hauteur de vue. Il embrasse alors avec confiance ses nouvelles fonctions.

Prolonger ses études ?

Marc s'est posé la question : «Une formation complémentaire doit-elle être entreprise dès la sortie d'une école d'ingénieurs ?»

S'il s'agit d'entrer dans une école de spécialisation (Sup Moteur, Sup Aéro, Sup Elec...), dans le cadre d'un projet professionnel parfaitement établi, la réponse est positive. Il est bon d'enchaîner directement la spécialisation, après une formation de généraliste.

Mais l'individu, en même temps, «se marque». Il est frappé d'un sceau précis; par exemple, après Sup Aéro, il est censé entrer dans une entreprise aéronautique. Se présenter à un équipementier automobile paraîtrait suspect. C'est pourquoi il faut décider de son avenir en adoptant un projet professionnel clair.

Si l'étudiant est attiré par la recherche, il peut poursuivre ses études en enchaînant un DEA pouvant déboucher sur un doctorat. Il lui faut alors une réelle vocation de chercheur, un projet professionnel orienté par exemple vers la découverte de procédés d'usinage originaux, de matériaux nouveaux... À moins qu'il ne souhaite embrasser la carrière professorale. Il faut que ses tendances personnelles innées le poussent vers la passion de la recherche, la satisfaction du développement de produits d'avant-garde, les travaux de laboratoire et d'essais.

Mais si la formation additive consiste en un «training» de management, ou de psychologie d'entreprise, ou de marketing, ou toute autre forme d'enseignement qui ne soit pas directement reliée aux sciences de l'ingénieur, mais aux sciences humaines, il est plus profitable d'en bénéficier après quelques années passées dans l'industrie. Les écoles anglo-saxonnes exigent un tel préalable. L'expérience acquise sur le terrain permettra de mieux apprécier l'enseignement reçu, celui-ci n'apparaissant plus comme théorique, mais comme une réponse pratique aux problèmes déjà rencontrés dans un début de cursus professionnel.

Changer de fonction

Après le départ du précédent responsable du département technico-commercial, Marc Vernon, récemment promu directeur au sein du groupe freinage, prend ses nouvelles fonctions. Il revoit et met à jour toute la documentation technique, plusieurs catalogues volumineux. Il assiste à toutes les commissions qualité relatives aux pièces en retour de la clientèle, en présence des émissaires des constructeurs d'automobiles, afin de déterminer les responsabilités réciproques : défauts de fabrication, mauvaise utilisation, pièces sous garantie.

Il prend de très nombreux contacts avec les services techniques de Renault, Citroën et Peugeot, ses principaux clients, afin de promouvoir de nouveaux produits ou de proposer des modifications économiquement intéressantes. Son objectif est de constamment améliorer la productivité, donc la rentabilité de son entreprise. Il installe à l'étranger, clefs en main, des usines de fabrication de freins, ce qui ne va pas toujours sans problème. Par exemple en Algérie, auprès de la Sonacome (Société nationale de constructions mécaniques) à laquelle il est chargé de vendre une usine pour fournir Renault sur place, à Rouiba, près d'Alger.

Descendu d'avion (une Caravelle dont il se plaît à penser que les circuits hydrauliques sont épurés par les filtres qu'il a fait homologuer), avec une valise pleine de plans, Marc se rend à l'hôtel. Dès le lundi matin, il est reçu à la Sonacome par deux ingénieurs algériens. Pendant cinq heures, il expose le projet d'usine, en déployant et commentant de nombreux plans d'ateliers. Il disserte sur les schémas des lignes de production, en soulignant les données économiques présidant à cette étude. Il expose les gammes de fabrication prévisionnelles, les prix de revient de production, et insiste sur les modalités de contrôle strictement indispensables à une qualité irréprochable, les freins étant d'évidence des organes de sécurité.

(Il sera abasourdi ultérieurement d'apprendre que de nombreux automobilistes algériens, compte tenu des graves difficultés économiques de ce pays à cette époque, remplissent d'eau, au lieu d'huile Lockheed, leur circuit de freinage. Bien entendu, l'eau, comme l'huile, est un liquide qui transmet la pression conformément au principe de Pascal. Mais les phénomènes de corrosion ne sont pas tout à fait de même nature !...)

Les deux ingénieurs algériens l'écoutent attentivement pendant ces cinq heures. Ils le prient de revenir le lendemain matin. Notre promoteur d'usine profite de l'après-midi pour visiter la ville d'Alger, et fait même une excursion dans le quartier de la Casbah de Bab-El-Oued. Le soir, Marc dîne à l'hôtel avec un pied-noir, un architecte, rencontré par hasard au restaurant.

Reprenant sa valise bourrée de plans, Marc plein d'espoir retourne le mardi à neuf heures à la Sonacome. Il y est reçu, cette fois, par deux autres ingénieurs algériens, ce qui lui semble être de bon augure : d'évidence, cette nouvelle équipe va analyser le projet en détails, éventuellement le modifier, ou l'amender.

C'est une véritable douche froide que reçoit Marc lorsqu'il lui est demandé de réexposer entièrement son projet.

– Mais je l'ai présenté hier à vos collègues !

– Aucun rapport. Nous appartenons à un autre service désireux également de connaître vos plans et spécifications.

Contenant son exaspération, Marc prévient alors qu'il ne recommencera pas une nouvelle fois.

– Nous en prenons acte. Rentrez en France, et nous vous ferons connaître nos décisions.

Cette affaire ne se fera pas d'ailleurs, la construction de l'usine Renault ayant été repoussée sine die[1].

---

1. Sine die : sans fixer de jour.

Quinze jours après ce voyage, son président le convoque, et l'informe avoir reçu l'instruction du Quai d'Orsay (le ministère des Affaires étrangères) de ne plus l'envoyer à Alger. Étonné et incrédule, Marc s'enquiert auprès de son président du motif de cet avertissement.

– Votre nom a été trouvé dans l'agenda d'un architecte que vous avez fréquenté là-bas. Il est accusé par les autorités algériennes d'espionnage. Il aurait posé des micros dans des bâtiments gouvernementaux. Donc, vous pourriez être soupçonné de connivence !...

Marc Vernon aura rarement l'occasion d'être confronté à de telles situations ! Sauf quand mai 1968 survient... Il connaît alors l'intense blocage de la quasi-totalité de l'industrie française. Il souffre comme tout le monde des restrictions d'essence. Il observe, incrédule, la chienlit de la rue, selon le «mot» du général De Gaulle, particulièrement celle du quartier latin.

Mais une épreuve d'une tout autre nature l'attend. Appelé par son président, au moment où tous les ateliers et magasins sont en grève, il reçoit l'instruction la plus «spéciale» qu'il lui sera donné de connaître dans sa vie : celle d'aller se faire «casser la figure» par un délégué syndical trop virulent.

– Vous comprenez, Vernon, bloquer les usines Lockheed revient à arrêter toute la production des voitures françaises, puisque nous avons le monopole du freinage en France. Les grévistes le savent parfaitement. Leur tactique est claire !

– Mais que devrai-je faire ?

– En présence d'un huissier qui ne vous quittera ni le jour ni la nuit, faire en sorte de juguler la grève, en contrant le délégué syndical meneur.

– Et alors ?

– Si vous réussissez, l'huissier constatera les voies de fait dont vous serez certainement victime, et, forts de ce constat, nous pourrons vider sur le champ ce meneur trop actif.

Marc mobilise alors tous les cadres, employés et secrétaires des bureaux parisiens qui sont conduits tous les matins en autocar dans l'usine de province en grève, et ramenés le soir à

Paris. Il installe ce beau monde sur les chaînes de conditionnement des freins, et attend la réaction des grévistes. Dès le deuxième jour, il entend leurs cris de colère :

– Briseurs de grève ! Buveurs de sang ! Sales jaunes !

Marc s'est installé, avec son huissier, devant la porte des magasins, afin de tenir les trois cents grévistes à distance respectueuse. Le face-à-face dure un jour et une partie de la nuit. Le ton monte chez les ouvriers en grève, entraînés par leur meneur syndical qui les harangue fréquemment. Mais les ouvriers, dont la plupart respectent leur directeur technico-commercial, n'osent pas envahir les magasins en lui «passant sur le corps». Marc prend l'initiative de leur tenir un discours succinct :

– Je respecte complètement le droit de grève. À votre place, il est probable que j'agirais comme vous. Mais de votre côté, vous devez respecter la liberté de travail et le libre accès aux locaux. Laissez les employés du siège tenter d'effectuer la tâche qui leur est demandée !

Vers deux heures du matin, galvanisés par leur meneur, les grévistes donnent l'assaut. Marc tente, sans y croire, de s'opposer à la poussée de la masse excitée. Bousculé par le délégué syndical, il tombe, se roule en boule en se protégeant la tête, subissant quelques contusions légères. Son costume est déchiré. Mission accomplie : le constat est dressé et le meneur mis à la porte. Le président a quand même l'obligeance de remercier Marc et de lui rembourser la facture d'un costume neuf !

La fonction technico-commerciale peut réserver bien des surprises... Mais elle compte d'autres aspects, moins folkloriques, qu'il est nécessaire de connaître pour bien comprendre l'ampleur de cette fonction. En réalité, qu'est-ce qu'un technico-commercial ?

C'est un ingénieur ayant reçu une formation commerciale (ou doué pour le commerce). Il occupe un double rôle d'ambassadeur : celui de sa société auprès de la clientèle, aspect le plus évident et le plus connu, mais également celui de ses clients auprès de sa société, ce que l'on oublie trop souvent. Il transmet leurs desiderata au bureau d'études, au service contrôle-qualité, tout en freinant la frénésie des acheteurs d'obtenir le produit le plus sophistiqué au moindre coût. Réciproquement, il cherche à les convaincre d'adopter un produit nouveau, plus performant, même si le prix en est plus élevé.

C'est le cas pour le freinage électronique que Marc Vernon doit promouvoir sur les hauts de gamme des voitures françaises. Il fait tourner dans ce but un court-métrage, dans lequel Michel Drucker joue un rôle. Claude Lelouch, assisté de Claude Pinoteau, est choisi comme réalisateur. Intitulé *L'Arrêt*, ce documentaire passe dans toutes les salles obscures de France, couplé à un excellent film de Philippe de Broca. Le tournage dans les usines donne à Marc l'occasion de connaître l'ambiance régnant dans une équipe de cinéma, d'apprécier le génie d'un Lelouch, le professionnalisme d'un Pinoteau.

Le freinage électronique marque ses relations avec son président d'une touche drôle et sympathique. En effet, Georges Pompidou décide, à l'inauguration d'un salon de l'automobile, de visiter un équipementier en plus des constructeurs. Marc Vernon est donc prié d'être présent lors de la visite du chef de l'État, au cas où des questions techniques seraient posées. Dûment badgé par les contrôleurs de sécurité, il attend avec son patron le président de la République. Celui-ci arrive entouré de gorilles, de journalistes et autres preneurs de son, sous un cône formé par les cannes porteuses de microphones destinés à recueillir les moindres propos du grand homme. Le «bloc humain» s'ouvre pour laisser passer nos deux hommes et se referme aussitôt. Marc est ainsi compressé contre Georges Pompidou.

– Alors, monsieur, dit Pompidou, que fabriquez-vous de nouveau ?

Un peu nerveux, le patron de Vernon, qui veut parler du freinage électronique, produit effectivement totalement nouveau, commet alors un lapsus épouvantable :

– Le... fromage électronique, monsieur !

Éclat de rire du chef de l'État, qui, de sa grosse voix d'Auvergnat, lui rétorque :

– Ah bon ? Vous fabriquez aussi du fromage ?

– Non, monsieur le président, le freinage électronique…

Quand le cortège présidentiel s'éloigne, le patron, encore cramoisi, demande, inquiet, si son propos cocasse va passer le soir à la télévision. Narquois et taquin, Marc lui répond, en souriant :

– J'en ai bien peur, monsieur.

Mais il n'en est rien. Le soir, à la télévision, la visite du chef de l'État est relatée en deux minutes.

Grandeur et servitude du technico-commercial

Ce pourrait sans doute être l'une des définitions de la fonction technico-commerciale, en y ajoutant le double rôle d'ambassadeur précédemment évoqué.

Grandeur, en effet, car l'ampleur des marchés négociés, les contacts de haut niveau avec d'importants directeurs d'entreprise, l'intense satisfaction d'arracher une commande lorsqu'on a su se montrer meilleur que la concurrence, la coopération à l'image de marque de sa société, tout cela est très valorisant.

Servitude, aussi, car les pressions exercées sont énormes, et les responsabilités lourdes, sinon écrasantes, essentiellement celles relatives au triptyque qualité-prix-délais. Le fournisseur, même si les clients s'en défendent, est taillable et corvéable à merci. Il faut, pour assumer une telle fonction, avoir les épaules larges et une santé de fer.

Le profil du généraliste est tout à fait propre à la réussite dans cette activité, quand un don commercial le complète. En effet, de multiples sujets sont abordés qui relèvent de la technologie, la thermodynamique, la physique, la chimie, l'aérodynamique, les process de production, l'automatique, la robotique, l'informatique... Un généraliste se complaît au sein de cette multiplicité de connaissances, qu'il ne possède souvent que superficiellement mais qui lui permettent de dialoguer efficacement avec les spécialistes concernés. Et c'est cela l'essentiel.

Le parc de la cité universitaire est peu fréquenté en ce dimanche. Les rares étudiants qui le traversent paraissent pressés. Où se rendent-ils ? Dans leur pavillon national ? Ou vont-ils prendre le métro pour profiter du Paris automnal ? Marc ressent encore ce frémissement qui le parcourait quand il se lançait, avec quelques camarades, à la conquête de ce Paris qui leur était encore peu connu.
Leurs promenades les amenaient fréquemment sur les grands boulevards à la recherche d'un film qui puisse leur plaire, ce qui n'était pas une mince affaire ! Un demi-pression à la sortie, et cap vers les Champs-Élysées via la place de la Concorde. Ils essayaient bien d'aborder quelques groupes d'étudiantes, mais il était rare qu'ils parviennent à les entraîner longtemps ! Elles étaient, en général, plutôt méfiantes...
Parfois, le soir, ils réussissaient à obtenir des places à bas prix au poulailler de l'opéra Garnier. C'est ainsi qu'ils apprirent à apprécier *Faust*, *Carmen* et les chefs-d'œuvres de Verdi[1] : *Aïda*, *Rigoletto*, *Le Trouvère*, et surtout *La Traviata*.
Ils étaient transportés par l'aérienne beauté des ballets, *Giselle*, *Coppélia*, *Le Lac des cygnes*, *Don Quichotte*. Ils eurent la chance de voir danser Serge Lifar, Claude Bessy, alors première danseuse, et Yvette Chauviré, danseuse étoile.
Les œuvres de Mozart[2], *La Flûte enchantée*, *Don Giovanni*, *Cosi fan tutte*, leur plaisaient moins : ils n'étaient pas encore suffisamment mélomanes pour goûter ces opéras.
Ils furent subjugués, au TNP[3], par l'incomparable talent de Gérard Philippe dans *Le Cid*, *Ruy Blas*, *Le Prince de Hombourg*, *Lorenzaccio*... Bouleversés, transcendés par cet acteur sublime, il lui offraient plus de vingt rappels, debout, dans un tonnerre ininterrompu d'applaudissements. Il allaient aussi écouter du jazz dans des caves du quartier de Saint-Germain-

---

1. Giuseppe Verdi (1813-1901) : compositeur italien.
2. Wolfgang Amadeus Mozart (1756-1791) : compositeur autrichien.
3.TNP : Théâtre national populaire (palais de Chaillot).

des-Prés, danser sur les rythmes endiablés qui prirent naissance après-guerre, époque de l'existentialisme, dont la muse fut Juliette Gréco et Boris Vian[4] le grand prêtre.
De retour à la cité universitaire, vers minuit, ils commençaient souvent de longues parties de poker. La nuit était courte avant la reprise des cours le lundi matin. Que d'émerveillements ! Quelle formidable densité de vie avait été la leur dans ce Paris qu'ils découvraient !

4. Boris Vian (1920-1959) : écrivain et poète français, musicien de jazz, auteur notamment de *L'Écume des jours.*

La fonction commerciale

Deux ans après avoir été nommé directeur technico-commercial, Marc Vernon est promu directeur commercial de l'ensemble du groupe formé par son ancienne société et une filiale d'une multinationale américaine. L'échelle de ses responsabilités change. Le chiffre d'affaires dont il a la charge s'élève alors à plus de cinq cents millions de francs ! Il dispose d'un état-major d'une trentaine de cadres pour animer les équipes de vente en première monte aux constructeurs d'automobiles, les représentants visitant les grossistes en accessoires automobiles, les inspecteurs du service technico-commercial, les techniciens de l'après-vente, le personnel des magasins (stockage et expédition) et l'antenne marketing-publicité.

Dès lors, quand il rend visite à un constructeur d'automobiles, Marc se fait accompagner par un ingénieur spécialisé connaissant parfaitement le produit à promouvoir. L'ampleur de ses responsabilités ne lui permet plus de connaître intimement les caractéristiques techniques des matériels qu'il vend, et cela l'agace. Il ne peut plus guère parler de technique, car son champ d'action est devenu celui des devis à établir, du coût des produits, des investissements, des amortissements d'outillage, des modalités de règlement, des clauses contractuelles, de la justification des prix de revient, du prix des prototypes et avant-séries, des marges de profit, etc.

Il doit, en outre, investir énormément de temps dans la communication, les relations professionnelles, les voyages de groupe avec ses principaux clients du secteur des ventes de rechange, salons, conférences, contacts avec les journalistes... Marc propose, par exemple, à quelque cent grossistes en accessoires automobiles de se rendre au Japon, pour effectuer un voyage d'études. Sa société «charterise» les transports, l'hôtellerie et la restauration, d'où l'obtention de prix extrêmement compétitifs, ce qui lui permet de ne demander à ses clients qu'une participation financière très limitée.

Ils survolent le pôle Nord, reçoivent alors leur «Certificate of crossing the North pole»[1] délivré par la Japan Air Line et font escale à Anchorage. Le survol des glaces de la zone polaire reflétant le soleil de multiples scintillements est un émerveillement. Ils arrivent à l'aéroport de Nagoya, où ils sont accueillis avec force courbettes par une délégation de la Japa (Japan Auto Parts Association). Les Français font de même, et le spectacle leur paraît quelque peu comique.

Au plan professionnel, ils visitent Toyota et quelques grossistes nippons en accessoires automobiles. Les cadences atteintes par les ouvriers Toyota les laissent pantois. La boîte à idées de cette grande entreprise reçoit environ quatre-vingt-cinq mille suggestions chaque année. Ils prennent conscience qu'au Japon, le consensus est d'autant plus facilement trouvé entre direction et syndicat maison que la plupart des suggestions relatives à l'organisation du travail partent d'en bas.

Examinées et acceptées par la direction, les propositions sont alors mises en œuvre très aisément par la base. Ils sont étonnés d'apprendre que les ouvriers exprimant leur mécontentement arborent un brassard noir signifiant : «Patron, nous faisons la grève des idées, mais nous travaillons si possible encore plus qu'en temps normal» ! Voilà une grève qui ne perturbe aucunement la production... Ils apprennent que les ouvriers viennent à l'usine pour fabriquer journellement un quota précis de pièces conformes aux normes de qualité, et non pas pour travailler huit heures par jour. Ce n'est pas tout à fait le même objectif ! C'est pourquoi ils observent le soir quelques machines fonctionnant sous éclairage, pilotées par des ouvriers qui n'ont pas encore réussi à atteindre le quota fixé, et qui œuvrent gratuitement après leur temps normal de travail. Ils découvrent les techniques dites de «flux tendu» et les changements d'outillages ultra-rapides : quelques dizaines de minutes

1. «Certificat de passage du pôle Nord.»

au lieu de quelques heures dans les usines européennes. Ils comprennent que les Japonais veulent gagner la guerre économique mondiale pour effacer leur défaite militaire.

Sur le plan touristique, ce voyage est également enrichissant. Ils visitent de nombreux pavillons internationaux à l'exposition universelle d'Osaka. Ils restent devant le pavillon du Japon à observer la cérémonie du thé, le «chanoyu», véritable rite dont les prêtresses sont des jeunes filles parées de magnifiques kimonos.

L'ikebana, ou l'art d'arranger les bouquets, fait également partie de l'héritage culturel nippon. Ils découvrent les étranges temples de Nara et de Kyoto, l'ancienne capitale, les jardins à la japonaise incitant à la concentration intellectuelle, à la méditation transcendantale, comme ceux du temple Kinkaku-Ji, les étangs calmes habités de carpes centenaires qui évoluent lentement, majestueusement, entre les bouquets de nénuphars.

Il entrent dans une pagode bouddhique : une jeune femme, à genoux devant la statue de Bouddha, secoue un cornet empli de bâtonnets d'ivoire gravés de signes. L'un d'eux tombe, elle le prend, le porte au bonze qui se tient derrière un petit autel embaumé d'arômes étranges. Après lecture des signes, le bonze se montre totalement négatif. La jeune femme revient devant la statue, secoue son cornet, obtient un autre bâtonnet d'ivoire. Le bonze cette fois est très positif et semble même la féliciter.

Le guide japonais qui les accompagne leur donne la signification de cette scène religieuse. Cette jeune femme a demandé à Bouddha l'autorisation de se marier avec l'homme qu'elle aime : refus. Elle souhaite alors savoir si elle peut s'unir avec l'homme qui la désire : cette fois, accord.

– Que va-t-elle prendre comme décision ?

– Mais, bien sûr, écouter l'instruction de Bouddha !

Cette scène les laisse rêveurs...

Le train rapide de Nagoya pour Tokyo (le Shinkansen) les fait passer le lendemain à 250 km/h devant le dôme étincelant du mont Fuji, un immense diamant glacé taillé en pointe. Ils sont étonnés, subjugués par l'importance de Tokyo et la densité de sa population. Ils tentent, sans succès, de comprendre le spectacle du Nô (animé par des acteurs masqués et richement parés) et préfèrent finalement fréquenter des boîtes de nuit de Ginza, le Pigalle de la capitale nippone. Ils se nourrissent de riz, d'algues séchées, de poisson cru, le «sushi». Ils apprécient particulièrement le «tempura», friture de poissons, crustacés et légumes, et le «sukiyaki», minces tranches de bœuf dans la sauce «shoyu». Repartant de Tokyo, ils contemplent la statue colossale du Bouddha de Kamakura trônant parmi des cerisiers en fleurs.

Sur le chemin du retour, l'avion de la Garuda Indonesian Airways les dépose à Hong Kong pour une escale de deux jours. Ils se promènent dans Aberdeen, prennent un repas dans une très grande jonque flottante, le Sea palace, mangent des ailerons de requin, du poisson cru, de la viande de chien, du crabe, du homard, chaque met étant présenté dans un petit bol.

Une rapide excursion en hydroglisseur dans la province portugaise à quarante milles[2] de Hong Kong leur fait comprendre, lors de la visite aux casinos de Macao, quelle peut être l'emprise du jeu sur les adeptes du hasard. Ce voyage leur donne l'occasion de naviguer en mer de Chine et d'admirer la fabuleuse baie de Hong Kong, dominée par de hautes montagnes. Parti avec une centaine de clients, Marc Vernon revient avec une centaine d'amis...

---

2. Un mille marin représente 1852 mètres.

Un ingénieur à la direction commerciale ?

Que conclure du profil de ce directeur commercial ? Qu'il était devenu uniquement un homme de relations publiques, pour promouvoir l'image de marque de sa société ? Qu'il avait totalement oublié qu'il était ingénieur ?

Certainement pas. Car, pendant les trois semaines que dura le voyage, il prit le temps de s'entretenir avec tous ses clients de leurs problèmes : adaptation des produits aux impératifs du marché, qualité inégale des matériels livrés, résistance à la corrosion pendant le stockage, formation des représentants, responsabilité engagée lors d'un accident dû à une défaillance de freinage, etc... En accumulant la centaine de témoignages recueillis, en les synthétisant, il tira quelques conclusions importantes, fort utiles à sa société.

Encore fallait-il qu'il soit considéré comme crédible dans ce domaine par tous ses clients. C'est là que sa technicité reparaissait; il comprenait aisément tous les problèmes qui lui étaient posés, sans avoir la prétention de les résoudre tous, mais en sachant parfaitement les transmettre à ses services techniques.

Il est donc pertinent, dans les entreprises produisant des matériels assez sophistiqués, de confier la responsabilité commerciale à un ingénieur, si possible généraliste. Cela est d'autant plus indispensable s'agissant de matériels de haute technologie. Ce qui ne veut pas dire qu'un diplômé de grande école commerciale ne puisse pas occuper cette fonction. Mais il devra toujours combler son handicap en s'entourant de bons techniciens aptes à lui traduire les problèmes technologiques.

Les vents deviennent contraires

Marc Vernon se passionne donc pour son métier, dans lequel il fait montre de ses dons de négociateur, tout en œuvrant dans son milieu technique «naturel». Tous les ans, il tient le stand de sa société au salon de l'Automobile, et c'est une période d'effervescence. Il désire recevoir au mieux ses clients, trouvant chaque année une idée nouvelle pour leur plaire. C'est un dîner en bateau-mouche, qui illumine de ses projecteurs les quais de Seine et les monuments parisiens. L'année suivante, il les reçoit au restaurant du premier étage de la tour Eiffel lors d'une soirée animée par le chansonnier Jacques Mailhot. Il loue aussi les somptueux salons de l'Automobile-Club, place de la Concorde, où Pierre Douglas, chansonnier-imitateur remarquable, fait une superbe prestation.

Il retient enfin le musée Grévin pour une soirée, afin d'y recevoir ses deux cents invités qui observent, amusés, une flûte de champagne à la main, les statues de cire des politiques et des artistes. Nombre d'entre eux n'ont jamais eu le temps d'effectuer une telle visite, et, avec leur épouse, ils retrouvent leur enthousiasme d'enfant en parcourant la galerie en sous-sol où l'histoire de France est présentée. Les flashes photographiques crépitent constamment, tous désirant un souvenir d'une soirée aussi insolite.

Ces réceptions que les Américains appellent «public relations» ont pour objectif de tisser des liens privilégiés, amicaux, entre les clients et leurs fournisseurs. Il n'y a là aucune prévarication. Car il est en effet impensable d'imaginer qu'un cadre du service achats d'un gros client, développant un chiffre d'affaires significatif avec votre société, puisse se laisser circonvenir par quelques petits fours et autres toasts, même au caviar, arrosés de champagne ou de whisky !... Par contre, se détendre ensemble implique peu à peu le développement de relations amicales.

Se cultiver en commun favorise également les contacts... Notre directeur Marc Vernon entraîne de nombreux clients à des festivals de musique, à des concerts donnés dans de magnifiques abbayes, comme celle de Royaumont, à des réceptions dans des châteaux de la Loire, à des spectacles de danse classique présentés sur de grandes scènes parisiennes, par exemple la troupe du Bolchoï au théâtre des Champs-Élysées.

Il faut aussi, à l'époque du salon de l'Automobile, étudier des campagnes promotionnelles pour le lancement de nouveaux produits dans la gamme de l'entreprise. Les freins et les huiles Lockheed sont les vecteurs d'une image de sécurité absolue. D'où l'idée de présenter au public un antigel Lockheed, qui deviendrait également synonyme de sécurité pour le moteur des automobiles. Marc Vernon loue une voiture Berliet de 1904 ayant appartenu au président Poincaré, et la fait rouler dans Paris pendant le salon de l'Automobile. Cette berline porte des pancartes publicitaires : «Les freins Lockheed protègent votre vie. L'antigel Lockheed protège votre moteur.» Bien des froissements de tôle se produisent dans la capitale entre les véhicules de conducteurs distraits, admirant cette splendide voiture aux cuivres étincelants, dotée de phares à acétylène !

Est-ce là le seul travail d'un directeur commercial ? Être une sorte de dandy mondain seulement occupé de relations publiques ? Certes non ! Ce qui est précédemment évoqué n'est que la partie émergente de l'iceberg de ses responsabilités ! Son rôle est essentiellement de développer le chiffre d'affaires de son groupe et d'en améliorer la rentabilité.

C'est ici que les problèmes apparaissent. Les commettants américains jugent que les marges de profit sont insuffisantes, qu'il faut impérativement les améliorer. Marc Vernon, qui fait partie du comité de direction, est accusé de laxisme vis-à-vis des constructeurs d'automobiles, ceux-ci accentuant leur pression au fur et à mesure que la compétition internationale se durcit.

L'industrie japonaise inquiète fortement la France. La guerre des prix est ouverte. Les utilisateurs apprécient la qualité des véhicules nippons. Les équipementiers japonais pratiquent un dumping[1] très astucieux : s'introduire grâce à des prix bas chez les constructeurs européens, se rendre si possible indispensables par la qualité de leurs services, et relever progressivement leurs niveaux de prix. La première grande crise pétrolière survient alors et marque la fin des Trente Glorieuses.

Il faut «resserrer les boulons» partout, faire de la productivité à tout va, compresser les prix, et par voie de conséquence, réduire les marges, tout en améliorant constamment la qualité des produits fabriqués. De tels bouleversements technologiques et financiers ne peuvent être résolus d'un coup de baguette magique, ce que les commettants américains de la société ne comprennent pas. Ils décident de changer l'équipe en place en offrant à chacun des membres du comité de direction d'assumer une fonction différente de celle qu'il occupe. Orientation malheureuse ! Deux ans après ce remaniement complètement manqué, les marges s'effondreront, passeront au rouge, deviendront négatives pendant les années suivantes.

Chacun des membres du comité de direction doit prendre une décision : se soumettre ou se démettre. Marc Vernon, à qui l'on offre une direction d'usine qu'il ne peut en aucun cas accepter, démissionne. Il n'est plus en effet un spécialiste de la production et aime trop son job de négociateur. Les vents lui deviendront alors contraires pendant quelques années.

---

1. Dumping : sous-cotation par rapport au prix du marché.

La vie industrielle est un combat

Il ne faut jamais considérer une situation comme acquise et se réfugier dans un confort directorial sécurisant, mais parfaitement aléatoire. «Struggle for life»[1] est un slogan valable dans toute activité économique, quelle qu'elle soit. La constante montée du chômage, y compris pour les cadres, en est une illustration flagrante. Un cadre supérieur est tout autant, sinon plus, exposé aux aléas d'une carrière qui se révèlera de plus en plus instable.

Les fusions, absorptions et autres joint-ventures[2] sont la cause de chutes spectaculaires : tel qui était directeur général se trouve brutalement sur le carreau, tel qui occupait un poste de directeur de département n'arrive pas à se replacer après des mois, parfois des années, de prospection parmi son milieu relationnel, après des centaines de lettres de réponse aux annonces et de candidatures spontanées.

Il faut donc se montrer très prudent pendant les périodes fastes de sa carrière, et jouer la fourmi plutôt que la cigale. En d'autres termes, il est souhaitable de se constituer progressivement une réserve financière sous une forme ou sous une autre, pour être ultérieurement prêt à faire face à une longue période d'inactivité.

Il faut aussi se préparer à affronter d'autres situations que celle de salarié. Être créateur d'entreprise, par exemple, ou jouer le rôle d'ingénieur-conseil, ou adopter le statut de travailleur indépendant, ou se lancer dans le travail à temps partagé (multisalariat)...

Le XXIe siècle sera, pour les ingénieurs, celui d'une quadruple mobilité :

---

1. Struggle for life : combat pour la vie.
2. Joint-venture : entre deux sociétés, aventure à risques et profits partagés.

• *géographique : s'expatrier si nécessaire, voyager partout dans le monde,*
• *fonctionnelle : passer d'un métier à un autre, des études à la production, du commercial à la finance...,*
• *sectorielle : muter d'un secteur d'activité à un autre, de la sidérurgie à la chimie, de l'aéronautique à l'automobile,*
• *mentale : accepter de ne plus faire carrière seulement en tant que salarié.*

Que les jeunes ingénieurs arrivant sur le marché du travail soient bien conscients de ces perspectives. Ce sera un autre combat, qui, par sa diversité, pourra se révéler tout aussi passionnant.

La traversée du désert

Marc Vernon démissionne après dix-neuf ans de présence dans son groupe. Il a quarante-trois ans. C'est une décision difficile à adopter. Il ne peut être question pour lui de s'incliner devant une puissance aveugle.

Il décide de ne pas se précipiter, au besoin de passer quelques mois sabbatiques.

Il a recours à son milieu relationnel, répond à quelques annonces, adresse une cinquantaine de candidatures spontanées. Il obtient une demi-douzaine de rendez-vous, rencontre des chasseurs de têtes, des industriels, est reçu par les responsables de quelques cabinets de recrutement. Il passe des tests psychotechniques, et son écriture est soumise à l'analyse graphologique.

Rapidement, Marc reçoit trois propositions d'engagement ferme, et s'intéresse plus particulièrement à l'une d'entre elles qui émane d'une entreprise provinciale : directeur général-adjoint d'une grosse PME développant un chiffre d'affaires de cent millions dans la distribution d'accessoires pour le marché de la rechange automobile. Cette proposition est assortie d'un niveau de rémunération plus élevé que celui dont il bénéficiait jusqu'alors. D'évidence, le chiffre d'affaires est relativement modeste, mais il voit là l'opportunité de quitter le monde des grandes entreprises pour connaître celui des PME-PMI, tout en abordant pour la première fois les fonctions de direction générale. Il signe son contrat allègrement, et entre en fonction en septembre, début d'une année scolaire.

Les enfants doivent changer de lycée. Il faut trouver un appartement à louer et déménager. Catastrophe ! Il comprend très vite, en quelques semaines, qu'il ne pourra jamais s'entendre avec le président-directeur général, celui-ci désirant un exécutant servile et non quelqu'un prenant des initiatives.

Venant d'un très grand groupe, dans lequel il occupait de hautes fonctions, Marc agit tout naturellement en apportant des idées inédites, en ouvrant des créneaux de marché jusqu'alors ignorés de cette PME, en visitant des clients potentiels non encore démarchés par ses représentants.

C'est de sa part une erreur psychologique grave. Il ne comprend pas qu'un patron de PME ayant créé son entreprise, la contrôlant financièrement, a le plus souvent la mentalité d'un «pacha» de transatlantique : seul maître à bord après Dieu !

Pouvoir totalement centralisé, aucune délégation, contrôle constant et tatillon des actions engagées. Toute initiative prise par d'autres que le patron est une forme de reproche : c'est qu'il n'a pas eu lui-même l'idée proposée ! Il croit donc perdre une parcelle de son autorité. Il bride dès lors complètement le nouvel arrivé, lui interdit toute mission, le confine dans son bureau, en lui expliquant clairement qu'il devra agir uniquement sur instruction.

Un supplice ! Marc passe des heures dans son bureau à ne rien faire, à lire la presse technique, à attendre que le temps s'écoule. Le P-DG lui fait ainsi supporter un purgatoire peu courant. Puis, pensant l'avoir maté, il lui confie des missions bien précises : aller à Bruxelles, par exemple, pour obtenir une licence d'amortisseurs, à Rome pour discuter des modalités d'une exclusivité de distribution de ceintures de sécurité. Marc Vernon accomplit aisément de telles missions, au demeurant faciles à mener à bien.

De façon à compenser la frustration qu'il éprouve dans sa fonction, il effectue ses voyages si possible juste avant un week-end prolongé par un jour férié, et c'est ainsi qu'il visite Rome pendant trois jours. C'est une fringale touristique. La chapelle Sixtine et la Pinacothèque vaticane, bien sûr la basilique Saint-Pierre où il s'attarde longtemps devant l'un des plus beaux chefs-d'œuvre de Michel-Ange, la Pietà, exécuté en marbre. Michel-Ange avait alors vingt-cinq ans environ : curieusement, il sculpta la Vierge au moment de la mort du Christ avec un visage de jeune fille !... Marc retrouvera la

Pietà quelques années plus tard aux États-Unis, pendant une exposition exceptionnelle pour laquelle le Vatican se sera provisoirement séparé de cette merveille. Pour un dollar, il aura le droit d'admirer le groupe statuaire pendant deux minutes, temps de transit d'un des trois tapis roulants passant à dix mètres de la Vierge tenant le Christ dans ses bras !!!

Sur les conseils d'un professeur d'architecture de ses amis, il se rend dans les galeries Colonna et Dorien Pamphili. Celles-ci abritent d'inestimables trésors. Dans une magnifique symphonie de marbres, cristaux et ors, l'amateur d'art y admire les œuvres de Velasquez, Titien, Botticelli, le Caravage, et tant d'autres.

Près du Vatican, il fait une incursion dans le château Saint-Ange, sorte de forteresse moyenâgeuse refuge des papes, passe en calèche devant le Colisée, traverse la place Navone, avec sa belle fontaine des quatre fleuves, et s'arrête pour visiter assez rapidement le musée du Capitole. Il est déçu par la façade de l'ambassade de France, le palais Farnese. L'important monument de Victor-Emmanuel II le laisse indifférent, sa masse tuant toute élégance.

C'est quelque peu «regonflé» qu'il regagne alors son entreprise, en attendant l'occasion de s'en évader au plus vite. Son président-directeur général et lui-même conviennent de se séparer à la fin de l'année scolaire. C'est l'année du premier grand choc pétrolier ! Décidé à regagner Paris, Marc pressent que sa traversée du désert va se prolonger en cette période de crise.

Mobilité géographique : précautions à prendre

S'il est une erreur à éviter, c'est bien celle que Marc a commise : déménager avec femme et enfants, armes et bagages, pour occuper une nouvelle situation. Quel que soit le soin pris à mener une enquête préalable à toute signature de contrat, image de marque de la société, santé financière, parts de marché..., il est impossible de connaître intégralement l'intimité d'une entreprise, la personnalité réelle de son président-directeur général.

Il est donc hautement prudent de partir seul, de vivre quelques mois à l'hôtel ou en studio, sans engager les frais d'un déménagement et de la remise en état d'une demeure, sans déraciner ses enfants de leur milieu scolaire, sans les couper brutalement de leurs amis.

Opérer différemment, c'est, en cas d'échec, infliger un choc psychologique à sa famille, qui, à peine transplantée, apprend qu'il faudra bientôt redéménager et se replonger dans un nouvel environnement.

Le patron qui embauche le fait hors de son environnement, et il n'est pas possible d'interroger ses collaborateurs pour apprendre ce qui se passe réellement dans l'entreprise. Est-ce un «führer» ? un tatillon ? un perfectionniste ? une brute ? un délégateur ? un paternaliste ? un bilieux ? un songeur ? un colérique ? quelqu'un d'intellectuellement honnête ? Le courant passera-t-il ? La coopération pourra-t-elle être fructueuse ?

Seule l'expérience du terrain et la pratique du patron pendant quelques mois vous le révèleront !

Alors, prudence ! Un bon chef d'armée n'envoie pas ses troupes en un lieu inconnu, il y délègue des éclaireurs. Il faut aller soi-même en éclaireur, seul, lors de tout changement de situation.

Ce fut un réel choc psychologique pour la famille Vernon, surtout Laure et Sylviane, qui, éloignées de Paris, perdirent leurs amies... Agnès, beaucoup plus jeune, s'adapta plus facilement à son nouvel environnement.
Simone avait rapidement pris contact avec les dames du Groupe local des Arts et Métiers, et se fit très vite des relations. Ces dames se réunissaient à tour de rôle les unes chez les autres pour s'entretenir des derniers livres parus ou des pièces de théâtre en vogue, et organiser des visites de musées, d'expositions de peintures.
Grâce aux liens qu'elles tissèrent ainsi, Marc et Simone furent invités à un mariage, participèrent à des sorties, allèrent faire du ski en groupe, descendirent un week-end avec quelques camarades sur la Côte d'Azur.
Mais Paris leur manquait, et surtout leurs amis qu'ils ne voyaient que trop rarement en remontant vers la capitale tous les deux ou trois mois. Marc se demande, encore aujourd'hui, comment il a pu s'éloigner ainsi du milieu amical qui les entourait. Quel miroir aux alouettes luisait donc pour le faire partir ainsi ? Sans doute les regrets sont-ils inutiles. Mais il faut tirer les leçons de ses erreurs.
Marc se souvient s'être durement reproché d'avoir alors privilégié sa carrière au détriment de l'équilibre de sa famille, en s'éloignant de leurs amis. Il s'était bien promis de ne jamais récidiver.

D’un secteur économique à l’autre

Pris dans la tempête de la crise due à ce choc pétrolier de 1973, et après être revenu à Paris pour prendre aisément les contacts nécessaires, Marc Vernon commence intensément ses recherches. Il expédie deux cents dossiers, CV plus lettre de motivation, téléphone à de très nombreuses entreprises, fait jouer toutes ses relations, répond aux rares annonces dans lesquelles il pense reconnaître son profil. Ce parcours du combattant dure six mois, les plus longs de sa vie. Il n’en voit pas la fin, ses espoirs s’amenuisent de jour en jour. N’ayant plus de voiture de fonction, il se déplace dans une vieille Mini Austin achetée d’occasion. Ses réserves financières s’épuisent.

Il reçoit toujours la même réponse : «Votre profil est susceptible de nous intéresser, mais il nous est impossible de vous proposer d’entrer actuellement dans notre société. Vous connaissez, en effet, les difficultés économiques qui nous assaillent. Nous engageons un plan de réduction de nos effectifs qui ne peut en aucun cas nous permettre de procéder en même temps à l’embauche d’un cadre supérieur. Bien entendu, nous conservons votre dossier et nous ne manquerons pas d’étudier votre candidature dès que les événements nous le permettront.» Ces lettres lui arrivent par dizaines ! Faut-il être bien trempé, solide, pour supporter tous ces refus sans se laisser décourager !

Enfin, la lettre espérée arrive, en provenance d’un chasseur de têtes : «Nous avons un poste à vous proposer correspondant à votre profil, et nous aimerions nous en entretenir avec vous.» Dès le lendemain, Marc est reçu. Il s’agit d’un poste de directeur général d’une PME d’environ cent personnes, étudiant et produisant des machines d’emballage sous film thermorétractable. Pourquoi l’avoir choisi parmi les trois compétiteurs finalistes ? Il comprend que son récent passage dans une petite entreprise est considéré comme une bonne expérience, complémentaire à celle acquise dans un grand groupe industriel, et que sa formation d'ingénieur Arts et Métiers est censée lui conférer un milieu relationnel intéressant. Il réussit à négocier une rémunération un peu plus élevée que celle dont il bénéficiait précédemment et, cette société étant située en proche banlieue de Paris, il signe son contrat sans hésiter.

Marc Vernon, spécialiste de l'automobile, doit s'adapter à l'industrie de l'emballage ! Il étudie alors avec le directeur technique les machines à emballer, assez complexes il est vrai, car mécanique, électricité, électronique y cohabitent. Le produit à emballer, pack de boîtes de conserve, de bouteilles d'eau minérale, de lait ou de vin, et de tous produits vendus en nombre, par quatre, six, huit ou plus, est automatiquement recouvert d'un film thermorétractable, fin et transparent, par un jeu de bras se déplaçant verticalement sous une potence. À l'aide d'un convoyeur traversant un four, ce pack se trouve bloqué par la pression du film qui se rétracte sous l'effet de la chaleur.

En replongeant dans la technique, bureau d'études, laboratoire, essais, fabrication, Marc retrouve son âme d'ingénieur, rouvre ses livres sur la résistance des matériaux, se plaît à calculer la section de leviers et de bielles pour en optimiser le poids et le coût. C'est un retour aux sources, à l'âge de quarante-cinq ans, qu'il accepte fort bien. Il se penche sur la chaîne cinématique des machines, cherche à la simplifier, étudie pour les fours l'application de différentes énergies, mazout, électricité, haute fréquence.

Mais Marc doit rapidement prendre en charge la promotion des machines. Il parcourt d'abord la France avec son chef des ventes et ses représentants. C'est alors qu'il se rend compte qu'il a réellement changé de secteur d'activité économique. Jusqu'à présent, seules les usines des constructeurs d'automobiles l'accueillaient, ainsi que celles des équipementiers. Il doit maintenant s'introduire dans l'agro-alimentaire. De Boulogne-sur-Mer à Saint-Jean-de-Luz, il patauge dans la plupart des conserveries côtières de poissons. Il visite les embouteilleurs de liquides les plus variés, eau, vin, boissons gazeuses ou chocolatées. Il fréquente les produits pharmaceutiques, les cosmétiques, la parfumerie.

En fait, il s'ennuie assez vite. La qualité des contacts qu'il a dans ce métier n'est pas de premier choix. Il pense que le secteur de l'agro-alimentaire n'est pas fait pour lui. Marc décide donc de ne s'occuper que de l'export, laissant le marché français à ses représentants. Rien n'existe en ce domaine : il faut construire un réseau de concessionnaires capables de promouvoir à l'étranger ce type de machines. Il fait le choix des bords de la Baltique pour commencer ses investigations, pensant, à juste titre, que les industries de la pêche et les conserveries y foisonnent.

Pour l'aider à bâtir son réseau, il fait appel aux services commerciaux des ambassades de France implantées dans les pays nordiques. Ceux-ci lancent une enquête pour découvrir les sociétés de mécanique capables de produire des machines d'emballage. Les premières informations positives qu'il reçoit proviennent de Finlande, de Suède et du Danemark, puis de Pologne et de l'URSS : il y a en ces pays plusieurs sociétés désireuses de construire ces machines sous licence.

Marc prend alors son bâton de pèlerin, et organise un voyage circulaire autour de la Baltique qui le fait passer par la Pologne, la Lettonie, l'Estonie, la Finlande, la Suède et le Danemark. Bien entendu, entre Tallin et Helsinki, il se réserve un week-end à Léningrad, les distances géographiques le lui permettant aisément.

C'est dans la ville de Gdansk, en Pologne, qu'il a son premier contact, sur les rives de la Motlava. Il n'arrive pas à s'entendre avec l'industriel polonais qui veut tout pour rien, le «know-how»[1] complet pour un taux de royalties ridicule. C'est donc un échec. Avant de reprendre son avion le lendemain, il a juste le temps de parcourir la ville, de visiter la cathédrale

1. Know-how : savoir-faire.

d'Oliwa, d'admirer les faïences de Delft présentées dans le Musée poméranien, de se promener dans la Voie Royale aux quatre-vingt-deux styles différents de façades de maison.

Il atterrit ensuite à Riga, capitale de la Lettonie, cette fois en Union soviétique. C'est place des Tirailleurs Rouges qu'il discute des modalités d'un contrat, pour s'apercevoir très vite que les moyens financiers de cette entreprise ne peuvent en aucun cas lui permettre de se lancer dans une prise de licence. De nouveau se dégage un après-midi libre. Il entame une course contre la montre pour faire un peu de tourisme, visiter le quartier des Guildes, l'église Doma Baznica du XIIIe siècle et son cloître aux colonnes romanes.

Le lendemain, un vendredi, il se pose à Tallin, capitale de l'Estonie. Il a rendez-vous avec un petit industriel place de l'Hôtel de Ville, monument gothique du XVe siècle. Cette fois, le contact se révèle fructueux. La petite usine est assez bien équipée, de moyens un peu vétustes, certes, mais susceptibles d'être adaptés à la réalisation de machines d'emballage : presses, cisailles, soudures électrique et autogène, tours, fraiseuses, étaux limeurs, perceuses radiales; seule manque une rectifieuse, machine moderne onéreuse. La discussion est longue, et la conclusion débouche sur un accord : une proposition sera ultérieurement envoyée de France pour tenter de concrétiser un contrat. L'industriel conduit alors Marc voir rapidement la cathédrale Toomkirk, de style typiquement russe, aux trois coupoles chamarrées surmontées de la croix orthodoxe.

Le samedi matin, Marc Vernon arrive à Léningrad. Enfin deux longues journées pour découvrir l'une des plus belles villes du monde, puisqu'il ne doit repartir pour Helsinki que le lundi matin. Cette capitale, qui redeviendra Saint-Pétersbourg, est souvent appelée la Venise du Nord, car elle est sillonnée de voies d'eau : la Néva, fleuve grandiose, et de nombreux canaux. Le dernier pont du Canal d'Hiver est d'ailleurs très vénitien !

La place du Palais est remarquable : semi-circulaire, extrêmement vaste, la colonne de la Victoire s'élève en son milieu (victoire, doit-on le souligner, sur Napoléon...). La cathédrale Saint-Isaac, bâtie au XIXe siècle par un Français, est d'une masse impressionnante. Sur la place des Décabristes trône une splendide statue, celle de Pierre-le-Grand sur son cheval cabré. L'église Saint-Nicolas mérite une visite rapide, mais ne peut être comparée à la fine beauté de l'église de la Résurrection-du-Christ, érigée à l'endroit où le tsar Alexandre II fut assassiné.

Marc visite la fameuse cathédrale Pierre-et-Paul, la nécropole des tsars, où repose Pierre-le-Grand. La flèche dorée de cette cathédrale, fine, longue et pointue se voit de très loin. Le plus merveilleux des monuments est le Palais d'hiver, palais des tsars jusqu'en 1917, abritant maintenant, sur les bords de la Néva, l'incomparable musée de l'Ermitage, d'une richesse inouïe, d'une décoration somptueuse. On y admire tout autant les œuvres présentées que l'architecture leur servant d'écrin. Escaliers monumentaux en marbre blanc, lustres de cristal, admirables galeries décorées d'or, de vermeil, aux colonnes élégantes...

Avant de quitter Léningrad, Marc sait qu'il a à visiter le célèbre cimetière du monastère d'Alexandre Nevski, où sont enterrés de grands écrivains et musiciens russes : Dostoïevski, Moussorgski, Rimski-Korsakov, Tchaïkovski et Borodine (curieusement, la tombe du chorégraphe français Marius Petipa avoisine les monuments funéraires de ces célébrités). Il est impressionné par l'ambiance solennelle conférée par ces tombeaux à ce coin de cimetière. Est-ce la densité des talents reposant dans ces lieux ?

Il quitte, à regrets, cette ancienne capitale d'une radieuse beauté. Dans l'avion qui le conduit le lundi à Helsinki, Marc se remémore toutes ces splendeurs et constate avec étonnement qu'une ville soviétique communiste abrite de très nombreuses cathédrales et églises très visitées par la population russe. La religion, même étouffée, est encore très présente.

C'est à Helsinki que les affaires prennent rapidement tournure. La société finlandaise contactée se révèle extrêmement intéressée. Un contrat est rapidement signé sur place. Les Finlandais demandent alors à l'émissaire de la société française d'effectuer une tournée d'accompagnement avec le représentant spécialisé dans la promotion des machines d'emballage, afin d'apprendre au vendeur finlandais, sur le terrain, l'argumentaire de vente spécifique à ce type de matériel. Ils partent tous deux dans la voiture du représentant. Tous les échanges s'effectuent en langue anglaise, que ce soit avec lui ou avec les industriels à convaincre. Les longues heures de route au milieu des bouleaux blancs, près de grands lacs lumineux, étincelant au soleil, ravissent notre explorateur. Les visites des usines s'avèrent également très intéressantes, car les machines sont le plus souvent d'origine soviétique, le grand voisin de la Finlande.

Autant le déjeuner est frugal et à l'eau, car la législation finlandaise est terrible à ce sujet (prison ferme d'un an pour tout conducteur pris avec un quelconque taux d'alcool dans le sang, même très réduit), autant le dîner est copieux et bien arrosé de bière et vodka. Ils se régalent de hareng agrémenté de sauces très diverses, à la crème fraîche par exemple. La tournée des usines dure huit jours. Ce périple restera pour Marc un excellent souvenir, aux plans technique et didactique, car il a eu à former quelqu'un, en lui transmettant un savoir-faire. L'intérêt touristique de ce voyage dans la Finlande profonde l'enchante.

De retour à Helsinki, Marc demande à voir le monument de Sibélius (il aime tant la Valse triste de ce compositeur !). L'étrangeté de la forêt de tubes verticaux dressés en l'honneur de ce grand musicien finlandais l'étonne (sous l'influence des vents, ces tubes émettent de légers sons). Il n'a le temps, ensuite, que de visiter Temppeliaukio, «l'église du Rocher» à demi-enterrée, surmontée d'une lumineuse couronne.

Et c'est l'arrivée à Stockholm. Déconvenue totale : l'attaché commercial de l'ambassade de France lui apprend que l'entreprise suédoise initialement intéressée s'est par la suite récusée. Il a alors tout loisir de parcourir cette capitale bâtie sur quatorze îles. Le musée Vasa l'intéresse beaucoup : il contient l'épave d'un vaisseau royal, coulé en 1628 auprès des côtes suédoises, et renfloué en 1961. L'intérêt de l'hôtel de ville réside dans la salle bleue où est remis le prix Nobel[2].

Copenhague est la dernière étape du voyage. Marc est reçu magnifiquement et somptueusement à l'ambassade de France : l'attaché commercial refuse son invitation à déjeuner en lui disant qu'il préfère se contenter de la cantine de l'ambassade. Un peu déçu (il pensait terminer son escapade nordique dans un très bon restaurant danois, avec de la bière Tuborg ou Carlsberg et de l'acquavit, en dégustant du renne, comme il l'avait fait précédemment), Marc suit le fonctionnaire français pour s'apercevoir que le restaurant de l'ambassade vaut certainement toutes les meilleures tables de la ville. Goguenard et souriant, son hôte, ravi de sa petite plaisanterie relative à une cantine, l'amène devant un buffet d'une quinzaine de mètres surchargé de mets plus succulents les uns que les autres. Pour la première fois, Marc a le plaisir de déguster du caviar à la louche.

Il visite deux usines, fait affaire avec l'une d'elles, et obtient la promesse formelle d'un contrat de licence. La Petite Sirène du port, assise sur son rocher, ne retient pas son attention. Bien qu'étant le symbole de Copenhague, elle est trop petite pour mériter une longue contemplation. Marc ne peut entrer dans le palais d'Amalienborg, gardé par des soldats coiffés d'un bonnet à poils noirs analogue à celui des militaires anglais du palais de Buckingham à Londres. Il visite, par contre, le château de Christiansborg décoré de très jolis lustres vénitiens.

Ainsi, Marc Vernon réussit à rester une petite année dans sa PME, où l'ennui l'envahit très vite. Il songe à son secteur d'activité privilégié, l'automobile ! Les événements l'ont obligé à une mobilité sectorielle. Mais il est profondément marqué par le monde qu'il a fréquenté pendant deux décennies. Marc décide alors de se remettre sur le marché du travail, son objectif étant de revenir à ses premières amours.

---

2. Alfred Nobel (1833-1896) : Chimiste suédois, inventeur de la dynamite.

La mobilité sectorielle devient un impératif

Incontournable, la mobilité sectorielle doit cependant être envisagée avec précaution. Il faut évoluer si possible dans des milieux industriels proches, comparables, et ne pas tenter de passer d'un extrême à l'autre, par exemple d'une société high tech électronique à un fabricant de meubles en bois.

Muter d'une entreprise d'équipements aéronautiques chez un équipementier automobile peut se révéler un succès; les contraintes de qualité et de fiabilité en usage dans l'aéronautique peuvent, en effet, déboucher sur des solutions intéressant des ingénieurs de l'automobile.

Passer de l'industrie automobile à l'agro-alimentaire peut, au contraire, présenter certains dangers d'adaptation. Il est des connaissances qu'il est long d'acquérir : les syndicats professionnels, les groupements d'industriels, la législation et la normalisation, les us et coutumes dans l'élaboration des contrats, les réactions de la clientèle, etc. Il est donc nécessaire d'être prudent.

Il est vrai que la valeur d'un individu, ses qualités d'entraîneur, son charisme, sa moralité, doivent être pris en considération avant l'étendue de son expérience professionnelle dans un secteur d'activité économique, et que l'on devrait faire le choix d'une personnalité plutôt que celui d'un spécialiste sectoriel.

Mais il est non moins exact que les entreprises, et par voie de conséquence les chasseurs de têtes et les cabinets de recrutement, cherchent à sélectionner le candidat idéal, c'est-à-dire celui qui a l'expérience de l'industrie demanderesse et présente d'excellentes caractéristiques caractérologiques. De tels cadres existent, bien entendu. Mais il n'est pas toujours pos-

sible de s'assurer leur collaboration quand ils sont bien implantés dans leur société.

Il faut alors accepter un compromis entre personnalité et expérience spécifique, en donnant si possible la priorité à la valeur de l'individu plutôt qu'à sa connaissance sectorielle.

Le chemin du retour aux sources

C'est une PME de fabrication de flexibles qui accueille Marc Vernon comme directeur général. Ces flexibles, constitués d'un tube central en caoutchouc renforcé par des tresses textiles ou métalliques enrobées d'une gaine souple, sont utilisés essentiellement pour transmettre une pression hydraulique ou pneumatique, pour faire transiter un liquide, un gaz, d'un émetteur fixe à un récepteur mobile ou l'inverse. Les matériels de chantier en sont équipés : bulldozers, pelles excavatrices, foreuses... Les avions et les hélicoptères en comportent de nombreux sur les circuits de commande des gouvernes. Voitures, motos, camions, autocars, tracteurs agricoles, chariots élévateurs et tous matériels roulants, trains, métros, blindés de l'armée, représentent un marché important. La marine est également grande consommatrice de ces organes de transmission de fluides, ainsi que l'industrie pétrolière et chimique.

Il existe en fait fort peu de secteurs d'activité économique qui ne soient utilisateurs de ces transmetteurs souples. Marc Vernon revient donc au sein d'une activité beaucoup plus proche de celle qu'il a connue pendant vingt ans, et saisit l'occasion d'être de nouveau en contact avec l'industrie automobile. Cette entreprise perd de l'argent, en quantité importante. C'est la raison pour laquelle il est fait appel aux services de Vernon. Il s'agit de rééquilibrer les comptes, afin qu'elle puisse être vendue dans de bonnes conditions.

Marc doit donc porter son effort sur les prix de revient de fabrication, sur les frais de fonctionnement, sur les prix de cession ainsi que sur le volume des ventes. À titre de plaisanterie, il professe que la loi de Mariotte[1] «P x V = constante» (avec

1. Edmé Mariotte (1620-1684) : physicien français, l'un des fondateurs de la physique expérimentale en France.

P = pression du gaz et V = volume occupé par ce gaz) peut s'appliquer au commerce sous la forme : Prix du produit x Volume des ventes = constante.

Ce n'est pas mathématiquement exact. Mais dans un marché capitaliste, avec le jeu de la concurrence, quand les prix augmentent, le volume des ventes diminue, et réciproquement. L'art consiste alors à prendre cette loi en défaut : il faut réussir à augmenter les prix de cession, tout en prenant une place plus importante sur le marché. Dans le triptyque prix-qualité-délais, la solution consiste à peser sur les deux derniers termes :

- améliorer la qualité,
- faire bénéficier la clientèle d'un meilleur service.

Des livraisons complètes et sans erreurs de références, des emballages parfaitement adaptés, un service après-vente efficace, des catalogues clairs, une garantie confortable, des pièces défectueuses remplacées rapidement, de fréquentes visites à la clientèle pour la bonne résolution technique des nouveaux problèmes d'utilisation, autant de raisons pour augmenter notablement les prix de vente.

Marc Vernon, devenu redresseur d'entreprise, s'attaque en priorité à la qualité des produits fabriqués. Il institue la mise en œuvre d'un cercle de qualité, il lance une boîte à idées, les bonnes suggestions étant récompensées; il fait donner quelques cours spécifiques à l'encadrement, et promet à l'ensemble du personnel un intéressement, avec des primes distribuées selon l'évolution d'un certain nombre d'indices. En quelques mois, le niveau de la qualité se redresse sensiblement.

Parallèlement, les représentants de la société, une douzaine, suivent quelques séminaires pendant lesquels des argumentaires de vente sont élaborés avec l'aide d'un conseiller extérieur. Au cours de ces stages, ils travaillent également leur attitude, leur langage, à l'aide d'une installation vidéo, et, sous la surveillance de ce même spécialiste, ils corrigent certains défauts hérités de la routine. L'un d'entre eux joue le rôle du client, et l'autre vient lui vendre les produits de la société. Devant l'objectif de la caméra, ils pratiquent ce jeu les uns après les autres. Il n'est alors pas aisé d'être naturel, a fortiori si cet entraînement s'effectue devant une assemblée. Ainsi est-il curieux de constater comment les meilleurs vendeurs eux-mêmes perdent de leur superbe lorsqu'ils se trouvent confrontés à cet exercice. Leur nervosité s'exprime, par exemple, par des mouvements de jambes dont ils n'ont pas conscience, mais que la vidéo leur révèle, à leur grand étonnement.

Qualité et service s'améliorent, et il est possible, un an après, d'appliquer des hausses aux prix de vente, modulées en fonction des quantités produites, en relation avec le volume de la consommation des clients. Une meilleure étude des gammes de fabrication permet d'augmenter la production de façon significative, de manière à suivre une demande accrue de la clientèle, sans pour autant devoir augmenter les effectifs.

Marc décide de programmer des cycles de visites en clientèle, et il accompagne chacun de ses représentants pendant ses tournées. Il lui faut vendre la nouvelle dynamique de l'entreprise, obtenir la confiance des gros utilisateurs de flexibles, et si possible leur faire signer des contrats de fourniture exclusive. Il rencontre de nombreux industriels, ceux qui sont livrés directement par l'entreprise, et les grossistes en accessoires industriels qui fournissent les autres clients. Pendant deux ans, il écume les routes de France, en voiture avec ses représentants. Il dort dans des hôtels modestes, se restaure chez des routiers, connaît des départs matinaux et des retours tardifs. Il se dépense sans limiter ses efforts, rencontre plusieurs fois la plupart de ses clients…

Le compte d'exploitation doit se redresser et le bilan s'équilibrer. Il lui faudra trois ans pour atteindre cet objectif. Il travaille comme un forcené pour assainir l'entreprise, la rendre viable. Il y arrive sans procéder à des licenciements, arme classique qui ne se révèle pas toujours être la bonne solution. Contrairement à sa vie passée, il ne profite d'aucune visite culturelle, même lorsqu'il passe dans des «villes d'art». Il est trop pressé de réussir. Ces trois ans représentent une parenthèse dans sa vie, un mouvement brownien et une intense fatigue.

Quand l'entreprise est vendue à l'un de ses grands concurrents, Marc est exténué, mais pleinement satisfait. Seul, à la tête d'une PME de cent cinquante personnes, il a galvanisé ses troupes, à la façon d'un officier de commando toujours sur le terrain avec ses hommes. Il a payé de sa personne, montré l'exemple d'un courage sans faille et d'une obstination sans bornes. Il en est fier. Les actionnaires le remercient en lui remettant un chèque d'un montant «agréable». Il n'est pas question qu'il garde la direction de l'entreprise, absorbée par un concurrent disposant de tout son encadrement. Marc Vernon se remet alors une nouvelle fois sur le marché du travail. Il a cinquante ans...

Acheter une PME en difficulté

Redresser une entreprise nécessite une analyse sérieuse de ses structures, de ses finances, de ses marchés, de ses points forts et surtout de ses faiblesses, un état des lieux le plus précis possible. Il faut y investir de la foi, de l'énergie, et même une dose d'idéalisme pour ne pas se laisser aller aux «recettes» classiques : prendre un profil bas en allégeant les effectifs, ce qu'il est pudiquement convenu d'appeler une restructuration.

Un ingénieur généraliste est parfaitement préparé et habilité à effectuer une telle mission, dans la mesure où il a acquis une expérience commerciale complétant sa formation scientifique et technique. Car il faut faire front à force problèmes concomitants : la mauvaise grâce des actionnaires à effectuer les investissements indispensables, la frilosité des banquiers, les échéances acrobatiques, l'expectative des clients, et ce qui concerne la fiabilité des produits, leur compétitivité, la productivité des machines et des hommes, le moral des troupes.

Il n'est pas question d'analyser ici toutes les qualités que doit avoir le redresseur d'entreprises, mais d'attirer simplement l'attention sur deux évidences, qu'il est bon de rappeler. Il est indispensable :

- *d'avoir une grande puissance de travail,*
- *de toujours montrer l'exemple.*

L'officier dans les tranchées de la guerre 1914-1918, lors d'une attaque, devait franchir le parapet le premier, faute de quoi ses hommes ne montaient pas à l'assaut. Il est capital, pour un cadre dans l'industrie, quelle que soit sa position dans la hiérarchie, de toujours marcher en tête de ses collaborateurs, de ne rien esquiver, ni fatigue, ni reproche, ni coups durs, de ne jamais tenter de tirer les marrons du feu en s'attri-

buant un succès, ou une idée, qui soit à porter au crédit de l'un de ceux dont il a la charge. Par ailleurs et comme dans toute entreprise humaine, il n'est pas obligatoire de réussir pour persévérer.

«J'aime celui qui rêve l'impossible»,
écrivit Goethe[1].

1. Johann Wolfgang von Goethe (1749-1832) : écrivain allemand, auteur notamment de *Faust* et des *Souffrances du jeune Werther*.

Le calme de ce dimanche après-midi est troublant. Le bruissement de Paris est lointain, les sons étouffés, comme filtrés par les pavillons des étudiants et les arbres encore feuillus qu'un vent léger s'évertue à déshabiller peu à peu. Le jour commence à baisser, et le ciel s'alourdit. Oui, cette traversée du désert n'a pas été agréable dans la carrière de Marc. Pas plus que son incursion dans des secteurs industriels autres que celui de l'automobile. Des regrets ? Certainement.
Mais pour mieux apprécier la vie, pour en goûter les meilleurs moments, il faut avoir traversé des périodes difficiles. Marc se souvient des années de la guerre de 1939-1945, des privations, de la peur. Quel formidable soulagement avait-il ressenti le jour de l'armistice ! Quelle énorme soif de vivre ! Quel insatiable appétit de distractions ! Cela ne signifie pas que la guerre est nécessaire pour mieux aimer la vie. Non, mais les phases délicates d'une carrière permettent, ultérieurement, de mieux apprécier la stabilité d'une fonction intéressante, passionnante. Il serait vain d'espérer qu'une vie de travail puisse se dérouler sans épisodes parfois assez graves. Marc eut à en supporter sa part, au demeurant fort raisonnable. Il estime qu'il a plutôt eu de la chance.

De nouveau, l'industrie automobile

Marc Vernon a déjà travaillé dans quatre sociétés différentes. Il espère dès lors se stabiliser. Son parcours ne lui déplaît pas. Vingt ans dans de grandes sociétés, cinq ans en PME : une carrière assez homogène à l'exception de son passage dans l'agro-alimentaire. Il a assumé différentes responsabilités : chef de département, direction technique, technico-commerciale, commerciale, générale (de petites unités seulement, cent à deux cents personnes).

Il oriente donc ses recherches vers les grandes entreprises dans lesquelles il pourrait gravir des échelons l'amenant à un niveau plus élevé. Il n'envoie aucune lettre, se contente de téléphoner à quelques entreprises bien ciblées et à une vingtaine de chasseurs de têtes. Très vite (les chocs pétroliers s'estompent), il a des contacts intéressants. Mais son âge est souvent un handicap; il arrive fréquemment en seconde position, espère franchir le cap, et apprend qu'un homme de quarante ans, aux prétentions moins élevées, a finalement été retenu. Pourtant, le destin commence à lui être favorable : il sent que sa traversée du désert va s'achever bientôt...

En effet, deux pistes sérieuses se présentent à lui :

• une direction commerciale chez un équipementier de l'aéronautique qui produit des matériels de sécurité, avec promesse, en cas de réussite, d'accéder au directoire,

• également, une direction commerciale chez un gros équipementier automobile disposant de trois usines en France, ce qui représente environ deux mille personnes.

Cette seconde opportunité lui a coûté bien des déplacements et de nombreux contacts :

- trois heures avec le chasseur de têtes,

- trois heures avec deux membres du directoire de la société qui souhaitent étoffer leur encadrement,

- le passage d'un examen psychotechnique dans un cabinet spécialisé,

- enfin, deux heures avec le président du directoire.

Finalement, il reçoit deux propositions fermes, l'une aéronautique, l'autre automobile.

Comment choisir ? Son cœur lui suggère de se diriger vers l'équipementier aéronautique, mais sa raison l'oriente vers l'autre possibilité. Marc a alors l'idée d'effectuer un choix matriciel.

Il établit une liste de tous les critères d'évaluation comparatifs de ces deux opportunités : il en trouve vingt-cinq. Parmi les plus importants, il sélectionne la solidité financière, le niveau des profits, les perspectives d'expansion, la technicité des produits, la notoriété, la multinationalité, l'âge des dirigeants, le plan de carrière proposé, le niveau salarial, les avantages sociaux, l'intéressement, la possibilité de formation, la personnalité du président-directeur général, l'autonomie de la fonction, les possibilités d'évolution en France et à l'étranger, la probabilité d'une expatriation, le climat social et la distance du lieu d'habitation. Il note chacun de ces critères de choix en lui attribuant un score de un à cinq, selon la valeur qu'il lui accorde. La réponse doit se trouver au bas de la matrice, après addition des notes données aux deux entreprises. Les totaux s'avèrent assez proches, au bénéfice tout de même de la branche automobile. Mais l'écart n'est pas significatif.

Marc pondère alors chacun des critères avec un coefficient de un à trois, pour les hiérarchiser. Il applique par exemple le coefficient multiplicateur maximal de trois à la solidité financière, aux profits, à l'expansion potentielle et autres critères de premier plan, et le coefficient de un aux considérations secondaires comme la distance du lieu d'habitation. Les multiplications et additions achevées, la réponse apparaît très clairement en bas de la page : il doit entrer chez l'équipementier automobile. C'est ce qu'il fait, et il ne le regrettera jamais.

Dès l'arrivée de Marc dans ce groupe industriel, le président du directoire tient à mettre les choses au point.

– Monsieur Vernon, votre prédécesseur est en procès avec nous. Il nous attaque aux Prud'hommes, mais nous gagnerons. L'ennui, c'est qu'il est parti avec tous ses dossiers. Vous aurez donc le plaisir de trouver place nette. Au moins, vous ne risquerez pas d'être influencé !

– Comment cela, place nette ?

– Son armoire et les tiroirs de son bureau sont parfaitement vides.

– Et comment me mettre au courant ?

– Par vos collaborateurs. Bien entendu, je suis à votre disposition, ainsi que mes deux collègues du directoire, le directeur financier et le secrétaire général, pour vous communiquer les informations qui vous seront nécessaires.

Marc entreprend donc de rencontrer ses collaborateurs, une douzaine, afin de les faire longuement parler de leur activité. Il prend des pages de notes, et commence à y voir clair. Il appelle les uns, rappelle les autres, pour se faire expliquer tous les aspects de leur travail. Bien entendu, sur une douzaine d'individus, il y a toujours une vedette !

– Monsieur, si vous m'accompagnez dans mes voyages, particulièrement en Belgique, je connais certains endroits très agréables, où l'on peut se détendre en charmante compagnie...

– Pardon ?

– Bien sûr, ce sera selon vos goûts...

– Pourriez-vous, et définitivement, changer de sujet ?

Marc est estomaqué d'un tel culot ! Ce collaborateur se révèlera plus tard fantasque, original, mais efficace...

Tous font de leur mieux pour le faire entrer dans ses fonctions. Il visite les trois usines, ainsi qu'une quatrième unité que le directoire vient d'acquérir dans le but d'y produire des matériels électriques. Environ quatre mois plus tard, il est opérationnel, et prend ses premières décisions. Toutefois, il se méfie toujours des solutions adoptées unilatéralement, et préfère obtenir les avis et le consentement de ses adjoints, quitte à devoir parfois les convaincre.

– Alors, monsieur Vernon, estimez-vous être bien au courant ? s'enquiert son président.

– Oui, en principe. Je crois. Il me manque encore certaines données d'importance mineure. Mais, pour l'essentiel, je suis prêt.

– Bien. Vous avez donc à conduire la politique commerciale de la société, et vous devrez périodiquement rendre compte au directoire de votre gestion. Mais je vous confie en parallèle une mission prioritaire : obtenir des commandes pour nos matériels électriques afin d'alimenter notre nouvelle usine. Il est extrêmement important de rentabiliser au plus vite l'investissement effectué. La société mère anglaise ne nous pardonnerait pas un échec en ce domaine.

Les filiales française, allemande et espagnole appartiennent en effet à des actionnaires anglais.

Marc se lance donc dans cette nouvelle aventure, faisant réaliser des prototypes par le service technique, les présentant pour essais aux constructeurs d'automobiles.

Il en étudie très soigneusement le prix de revient, en se basant sur des cadences prévisionnelles croissantes. Il réussit à faire adopter au directoire une stratégie hardie : présenter aux clients des prix de grande série pour des commandes portant sur des quantités moyennes ou réduites. C'est jouer dangereusement, car cela implique de n'en tirer aucun bénéfice tant que les cadences n'augmentent pas. Les comptes sont seulement en équilibre. Il tient cette gageure pendant deux ans, et rafle les marchés à la concurrence.

La charge de la nouvelle usine est assurée.

Le président l'invite alors, mi-figue, mi-raisin, à venir déjeuner avec les membres du directoire. Conscient de ne pas avoir démérité, mais inquiet quand même (aurait-il commis une erreur ?), Marc se rend au restaurant indiqué : les trois membres du directoire l'y attendent.

– Êtes-vous satisfait de votre travail, monsieur Vernon ?

– Ce serait plutôt à vous, messieurs, de répondre à cette question.

– OK. Nous allons d'abord choisir notre menu. Garçon !

Cette agréable formalité accomplie, le président abat son jeu.

– Notre collègue, le directeur financier ici présent, souhaite partir en retraite, d'autant plus qu'il ne parle pas anglais et que nous allons être rachetés incessamment par une société américaine. Notez que nous étions au courant de cette opération lorsque nous vous avons embauché. Mais nous devions garder cette nouvelle confidentielle.

– En quoi suis-je concerné ?

Honnêtement, Marc ne voit pas pourquoi le directoire le met dans cette confidence.

– Nous vous avons observé pendant deux ans. Nous pensons que vous pourriez parfaitement être nommé membre du directoire, car nous avons confiance en vous et nous appréciions vos résultats.

Notre ami pense, en un éclair, que c'est vraiment un grand tournant dans sa carrière, et se tient coi.

– Votre rémunération sera augmentée de 20 %, car vous devrez assumer vos fonctions commerciales tout en participant à la direction générale de la société. Ce sera indéniablement un surcroît de travail. Votre réponse, monsieur Vernon ?

– Croyez-vous, messieurs, qu'une telle proposition puisse se refuser ? J'accepte et vous remercie de votre confiance.

Et c'est ainsi qu'il aura désormais à faire face, avec ses nouveaux collègues, à l'américanisation de leur société.

La ténacité mène au succès

À qui développe une grande volonté de réussite, rien d'impossible, ou presque ! Être embauché dans une société pour remplacer quelqu'un qui a fait le vide dans sa documentation et ses dossiers, tel Attila et ses Huns brûlant les territoires qu'ils traversaient, et réussir à reconstituer le puzzle complet du service, n'est pas aisé, mais faisable, avec de la patience et de l'intuition.

Changer d'activité, se reconvertir, se recycler, constituent un défi qu'il est agréable de relever. Sans être téméraire malgré tout, il est impératif de ne reculer devant aucun obstacle, de ne pas fléchir devant des contraintes, aussi pénibles soient-elles :

«La chance sourit aux audacieux.»

Ernest Renan[1] *écrivit d'ailleurs :*

«Rien de grand
ne se fait sans chimères.»

Pour s'en convaincre, Marc pense à de Lesseps[2] *et au percement du canal de Suez, au tunnel sous la Manche et à l'alunissage d'astronautes américains. Les grandes réalisations s'appuient, à la base, sur des projets souvent chimériques.*

John Fitzgerald Kennedy, dans un de ses discours, au tout début de la course à la lune avec l'URSS, déclara :

---

1. Ernest Renan (1823-1892) : écrivain et historien rationaliste français, auteur notamment de *La Vie de Jésus* et de *L'Avenir de la science.*
2. Ferdinand-Marie vicomte de Lesseps (1805-1894) : diplomate français qui fit percer le canal de Suez et commencer les travaux du canal de Panama.

«If we are able to dream it,
we are able to do it»[3].

Phrase magnifique, qui galvanisa les États-Unis et leur permit de gagner cette course. Toujours atteindre ses objectifs, et transformer si possible ses rêves en réalité, c'est l'un des idéaux que Marc a poursuivis durant sa carrière.

3. «Si nous sommes capables de le rêver, nous sommes capables de le faire.»

Une multinationale

L'américanisation d'une entreprise française n'est pas aisée, ne serait-ce que par les différences de culture et de méthodes de gestion industrielle. Aussi, les acheteurs américains, de la nouvelle société mère, adoptent-ils une position d'extrême prudence. Ils laissent pendant quelques mois les membres du directoire français agir à leur guise, sous réserve de rendre régulièrement compte de leurs résultats à Londres, où un bureau provisoire a été ouvert. Cela devient vite une habitude agréable, pour nos trois compères du directoire, de se rendre fréquemment en Angleterre pour exposer leur stratégie, souligner leurs difficultés et demander des investissements.

Graduellement, l'emprise des boss américains se resserre. Les questions gênantes affluent, les critiques s'expriment, les conseils fusent, bientôt les ordres tombent. La tutelle américaine se fait rigide, pressante. Le siège de la maison mère est installé à Paris. Un vice-président est nommé. L'américanisation devient totale. Des filiales du groupe américain existent en Angleterre, en Allemagne, en Italie et Espagne. Le problème est d'orchestrer la coordination des actions de toutes ces filiales, France incluse. Plusieurs vice-présidents américains défilent, qui laxiste, qui incompétent par méconnaissance de l'esprit européen, qui trop autoritaire. Cahin-caha, toutes les filiales européennes commencent à échanger leur documentation, puis leurs informations. Mais les domaines réservés restent toutefois nombreux... Il faut un patron habile, diplomate, psychologue, mais ferme. La maison mère américaine délègue alors un énième vice-président, qui a déjà séjourné quelques années en Europe. Enfin le bon choix ! Les Français ont la chance de cohabiter avec lui au sein du nouveau siège parisien. C'est un avantage : la proximité favorise la fréquence des contacts, donc une connaissance réciproque fructueuse. Très rapidement, ce vice-président leur devient sympathique, tout en restant très respecté. Il a en outre le sens de l'humour.

Il réunit les principaux dirigeants de la filiale française dans un bon restaurant. L'ambiance est excellente; tous s'expriment en anglais, évidemment.

Au dessert, le nouveau vice-président leur dit :

– Je vais vous raconter une histoire. Elle est assez courte, et résume bien ma philosophie d'animation d'un groupe. Un homme apprenait à son fils à lancer des cailloux : "Fils, lance-les à cinquante mètres." "Mais, père, j'atteins seulement vingt mètres actuellement." "Force-toi et tu atteindras cinquante mètres." Le fils développa des efforts terribles et atteignit trente-cinq mètres. "Eh bien, vois-tu, dit le père, si je ne t'avais pas fixé un objectif très difficile, tu n'aurais fait aucun progrès. Continue, et tu auras peut-être une chance de réaliser la performance de quarante mètres. Car je sais bien qu'à ton âge, tu ne peux pas lancer tes cailloux à cinquante mètres." Ainsi, vous saurez, dit le vice-président, que mes objectifs seront toujours très ambitieux. À vous de vous en approcher le plus possible. C'est à l'écart avec l'objectif que je vous jugerai.

Une discussion suit, des considérations diverses sont émises, on entend parler de moyens, de motivation des collaborateurs, de la routine, des habitudes de travail.

– Je vous arrête, dit le vice-président. Puisque vous parlez des habitudes, de la routine, je vais vous conter une autre histoire. Mais celle-ci est plus longue, je vous préviens ! Car elle est à rebondissements successifs.

Marc Vernon, membre du directoire et directeur commercial, l'écoute très attentivement, prend quelques notes, et s'amuse à traduire l'histoire en français le week-end suivant. La voici :

> «Le conseil d'administration d'une grande société ayant décidé de changer de président-directeur général afin de mettre en place un nouveau manager plus jeune, plus dynamique et rompu à

la gestion à l'américaine, procéda au changement en question selon le mode classique. L'actuel P-DG, ayant bien entendu fait valoir ses droits à la retraite, fut chaleureusement remercié pour son inappréciable contribution à l'expansion de l'entreprise. Sa démission acceptée, il serait remplacé par M. Untel, diplômé de ... ayant effectué une brillante carrière au sein du groupe ..., le conseil d'administration remerciant, à l'avance, l'ensemble des collaborateurs pour le soutien qu'ils ne manqueraient pas d'apporter à leur nouveau patron.

La passation des pouvoirs s'effectua dans le bureau de l'ex-président-directeur général qui, après avoir donné à son successeur les grandes lignes de ce qu'il croyait être la politique d'avenir du groupe, lui tint finalement ces propos :

– Bien entendu, mon cher, vous ferez comme bon vous semble. Je ne suis à vos yeux, je le sais bien, qu'une vieille ganache, et d'évidence, vous avez toute confiance en vos capacités. Parfait. Toutefois, j'ai un petit legs pour vous : vous voyez, ces cinq enveloppes cachetées, là, en ce tiroir, numérotées de 1 à 5. C'est mon testament industriel. Bien sûr, vous n'en aurez pas besoin, brillant comme vous l'êtes. Mais... Mais... Si vous aviez des ennuis de gestion, souvenez-vous de votre vieux prédécesseur, et ouvrez la première enveloppe. Vous y trouverez quelques conseils pertinents... Il serait d'ailleurs fort étonnant que vous ayez à ouvrir ultérieurement les autres enveloppes. Ne le faites que si vous vous y sentez contraint ! Rien ne vaut sa propre expérience !

Et de tourner définitivement les talons.

Après une période euphorique d'exercice du pouvoir, le nouveau président-directeur général, du haut de son fauteuil présidentiel, s'aperçut assez rapidement que certains clignotants se mettaient au rouge : accroissement anormal des stocks et productivité en régression, essentiellement. Et d'ouvrir, par hasard, le tiroir des enveloppes.

– Qu'est-ce que je risque ? se dit-il.

Après avoir décacheté l'enveloppe n° 1, le P-DG lut : «Critiquez la gestion de l'équipe précédente, les mauvais résultats actuels relèvent évidemment de la responsabilité des prédécesseurs.» «Mais c'est vrai !» s'écria-t-il. Et d'aller par couloirs et bureaux, par ateliers et laboratoires, répandre ce constat. «Vous allez voir, dès lors, ça va changer !»

Mais il n'en fut rien. Et trois mois après, la situation s'était aggravée, avec un absentéisme important et une rentabilité décroissante.

De l'enveloppe n° 2, le P-DG tira un papier sur lequel il lut : «Refondez l'organigramme. Changez les affectations de vos directeurs qui sont usés par la routine. Compressez la pyramide hiérarchique.»

– Mais c'est évident, bon sang, se dit le président-directeur général. J'ai affaire à une bande d'ânes bâtés, encrassés par leurs habitudes et incapables d'idées nouvelles. Ça va barder.

Une nuit de réflexion, et une bordée de notes décisionnelles partit du bureau présidentiel, comme boulets d'un canon. Tout était chamboulé. Le financier devenait commerçant, l'acheteur prenait en charge la qualité, etc. «Sacré nom d'un chien, on allait voir...»

Et l'on vit effectivement, quelques mois après, que toutes choses se délitaient. Les performances devenaient catastrophiques.

Et de se précipiter sur la troisième enveloppe : «Diminuez drastiquement les effectifs indirects.»
– Pourquoi n'y avais-je pas pensé ?» fulmina le président-directeur général.
À l'aide de coupes sombres dans tous les services de cols blancs, le chef du personnel organisa une série de «charrettes» baptisées FNE, licenciements économiques, retour des immigrés, etc. Bientôt, un certain silence régna dans les bureaux tant les effectifs avaient maigri. La société flottait dans ses locaux comme un clown dans ses vêtements trop amples. C'était pitié que d'y déambuler. Et rien n'y faisait. Le cash-flow[1] était durement atteint. Les actionnaires s'inquiétaient très sérieusement.
Vite, la quatrième enveloppe ! «Cherchez une alliance qui puisse vous aider à redresser la société». Puisqu'on en était là ! Ce fut la cavalcade des contacts, les voyages au Japon, les interventions auprès des chambres de commerce, les grâces faites aux attachés commerciaux d'ambassades, les discussions avec les cabinets spécialisés, la honte de devoir coucher noir sur blanc un compte d'exploitation minable et un bilan exsangue, avec la sensation de se déshabiller devant ses concurrents... Et comme le temps passait vite, la trésorerie s'étiolait, on commençait à ne plus faire face aux échéances, à recevoir des coups de fil de fournisseurs impayés, d'abord inquiets, puis menaçants. Alors, le dépôt de bilan ?
Mais non, voyons, la cinquième enveloppe du vieil hurluberlu ! Ce serait sans doute la planche

1. Cash-flow : marge brute d'autofinancement.

> de salut... Alors, la main tremblante, la sueur perlant sur son haut front dégarni, le pauvre P-DG jeta par la fenêtre de son bureau un coup d'œil implorant vers le ciel et s'empara de la dernière enveloppe. Il l'ouvrit lentement, à l'aide de son coupe-papier en argent. Tout son avenir résidait dans ce petit papier blanc plié en deux. En respirant fortement, il lut : «À votre tour, préparez cinq enveloppes.»

Quand le vice-président américain a terminé son histoire sur ces mots, et après que les rires et applaudissements ont fusé, il dit à ses nouveaux collaborateurs français, d'un ton malicieux, mais très ferme :

– Sachez que je n'ai pas du tout l'intention de devoir écrire cinq enveloppes à mon tour.

Tous comprennent alors qu'une nouvelle dynamique va être insufflée à l'entreprise, qu'un nouvel état d'esprit y régnera, que les mots clés tels que «performance», «productivité», «rentabilité», déjà en usage bien sûr dans la gestion de la société, vont devenir des impératifs absolus toujours insuffisamment respectés. Une course effrénée au profit commence.

Entreprises mondiales et philosophie du profit

Dans les sociétés américaines, la rentabilité est devenue un leitmotiv lancinant, une mystique du dollar, un credo de la réussite : «Je crois à l'excellence de mon entreprise, je collabore de toutes mes forces à sa compétitivité, à sa profitabilité.» Ce qui incite fréquemment les Américains à privilégier le court terme au détriment du long terme. Tout ce qui n'est pas rentable rapidement est rejeté, y compris certains investissements nécessaires à des développements ultérieurs. C'est la religion du «retour sur investissement» qui doit être le plus rapide possible.

C'est particulièrement vrai pour les filiales étrangères des grands groupes américains; ceux-ci pratiquent le «milking» de leurs filiales, c'est-à-dire la traite (technique et financière).

Travailler dans une multinationale américaine, c'est se lancer dans la course aux performances, c'est se dépasser, c'est presque se sublimer. C'est accepter de devenir un citron pressé qui doit toujours donner du jus, quelles que soient les difficultés à surmonter. C'est indéniablement une source de stress. La devise du patron américain de Marc Vernon était la suivante :

«Where there is a will, there is a way»[1].

Proverbe qu'il complétait par cette formule :

«Knowledge is power»[2].

---

1. «Vouloir, c'est pouvoir.»
2. «Savoir, c'est pouvoir.»

Faut-il, pour autant, craindre d'effectuer une carrière dans une multinationale ?

Sûrement pas. Pour ceux qui aiment les challenges[3]*, c'est un terrain de prédilection !*

3. Challenge : défi.

Ce retour aux sources a été pour Marc une énorme bouffée d'oxygène : l'industrie automobile est son territoire depuis son enfance.
Né dans une entreprise de transports, il se revoit sur les genoux des chauffeurs de l'affaire paternelle, faisant semblant de conduire un camion dans le garage, tournant le volant en imitant le vrombissement du moteur avec sa bouche : «Vroum, vroum» ! Étudiant, pour gagner de l'argent de poche, Marc, pendant ses vacances, remplaçait des chauffeurs durant leurs congés payés. C'était un véritable plaisir de manier un poids lourd, de diriger un autocar; il avait passé dès dix-huit ans les permis indispensables.
Marc pense aux départs matinaux, avec une douzaine d'ouvriers dans sa benne, pour aller déblayer les ruines accumulées sur le port par les nombreux bombardements subis par sa ville natale. Lever à 6 heures, au port à 7 heures. Arrêt casse-croûte. Quarante ans après, le goût du sandwich au camembert, arrosé d'un gros rouge, lui revient précisément dans les papilles gustatives; curieuse réminiscence ! Il comprend mieux Proust[1] et sa madeleine...
Des souvenirs s'entrelacent, se précisent, s'effacent, un méli-mélo de vie, un défilement rapide d'images flashes, le visage de ses parents se superpose à ces éclairs du passé... Cette promenade impromptue dans le parc de la cité universitaire devient un révélateur sentimental, doux et douloureux à la fois.

1. Marcel Proust (1871 - 1922) : écrivain français, auteur de l'ensemble *À la recherche du temps perdu.*

Autour du monde

Le groupe américain qui a absorbé leur société européenne est, par ailleurs, bien implanté au Japon, en Chine, en Amérique du Sud, en Amérique centrale et au Canada. Le vice-président américain, ayant élu domicile au siège de l'entité européenne à Paris, a en charge l'ensemble des activités automobiles pour le monde entier. Il prend pour objectif prioritaire la formation d'une équipe internationale dont les membres coopèrent et s'apprécient. Ce n'est pas en prêchant qu'il peut y arriver. Il adopte une stratégie de contacts interfiliales par le biais de rencontres internationales tournantes.

Lors de ces meetings, de deux à trois jours, l'ensemble des responsables mondiaux visitent les usines locales, et planchent les uns après les autres devant leurs patrons américains : le vice-président, un directeur financier et un directeur technique. Chacun rend compte de ses activités, de sa gestion, de ses problèmes. Tous peuvent intervenir, poser des questions et proposer des solutions. C'est un exercice très difficile pour les non-Américains (excepté le représentant de la filiale anglaise), qui doivent effectuer leur communication en anglais, et discuter avec les boss dans la même langue. Entre eux, ils se comprennent très bien, car chacun s'exprime avec l'accent de sa langue maternelle. L'anglais parlé par le collègue allemand est guttural, celui de l'Italien est chuintant, l'Espagnol roule les «r», etc.

Peu à peu, ces réunions leur deviennent familières, d'autant plus qu'une grande réception a lieu dans chacun des pays. Le pays visité a la charge d'organiser ce meeting selon les us et coutumes nationaux. Toutes les nations représentées ont à cœur d'offrir la meilleure hospitalité, le programme de visites le plus original, le dîner le plus fin.

La course autour du monde commence par la France. Il appartient à Marc Vernon, membre du directoire et directeur commercial de la filiale française, d'ouvrir le feu ! La visite d'une centrale nucléaire, suivie d'un dîner aux chandelles dans la salle des gardes d'un château de la Loire, est très appréciée. Les quelques boss y participant lancent la mode, très américaine d'ailleurs, de se lever au dessert pour raconter une ou plusieurs histoires humoristiques. Ils demandent ensuite à chacun des assistants de faire de même, ce qui représente un exercice plus difficile, consistant à traduire un humour national en une plaisanterie compréhensible par des étrangers. Par ailleurs, il est prudent de ne vexer personne !

Il n'est pas question de rapporter ici toutes les histoires contées autour de la table, certaines franchement grivoises, ce type d'humour étant le plus international et le plus aisément traduisible...

L'année suivante, la filiale espagnole reçoit le groupe au sud de la péninsule ibérique. Le programme des réjouissances mérite d'être exposé : une corrida dans une arène particulière, la visite d'une fabrique de xérès avec dégustation, une promenade en voitures anciennes conduites par leurs propriétaires-collectionneurs, une séance de flamenco interprétée par une remarquable troupe nationale, et un dîner dans une vaste propriété avec promenade en calèche, terminée au dessert par une «party» avec des danseuses de flamenco.

Marc est sidéré de la manière dont les Américains s'amusent, comme de grands enfants, riant, chahutant, dansant. Tous alors font de même dans une ambiance parfaitement débridée.

Il est bon, avant de relater ici les autres étapes effectuées par le groupe à travers le monde, de rappeler que l'objectif des patrons américains est clair : faire se connaître, donc s'apprécier, les représentants de toutes les nations abritant une filiale du groupe, les faire coopérer au mieux.

«United we stand, divided we fall.»

Cette devise, souvent martelée par le vice-président, est la traduction anglo-américaine du fameux «l'union fait la force» de notre Jean de La Fontaine dans l'une de ses délicieuses fables. Cette stratégie sera totalement couronnée de succès. Les échanges internationaux s'accélèrent, les chasses réservées disparaissent, de nombreux contacts téléphoniques interfiliales s'établissent, tous évitant de marcher sur les brisées industrielles de leurs nouveaux amis. Cela est particulièrement probant pour les responsables français et allemand : leurs rapports initiaux ont été assez froids. Leurs contacts se réchauffent rapidement...

La réception italienne est plus sérieuse, puisquc le groupe d'internationaux de la société américaine est autorisé, honneur exceptionnel, à visiter l'usine Ferrari de Bologne (bien entendu à titre de réciprocité, avec l'autorisation pour les talentueux ingénieurs italiens de venir aux États-Unis dans les laboratoires du groupe). C'est ainsi que tous peuvent observer la technologie très spéciale d'une fabrication de petite série, deux ou trois mille voitures par an, d'une qualité quasi absolue. Zéro défaut ! Les clients de ces voitures, les achetant plus d'un million de francs, prix de la Testarossa par exemple, exigent évidemment un véhicule clef en main d'une fiabilité à toute épreuve pendant des dizaines de milliers de kilomètres !

Les visiteurs peuvent observer un mélange de haute technologie et d'artisanat très soigneux. Les vilebrequins sont fabriqués sur une chaîne totalement automatisée, équilibrage compris. Tout ingénieur sait que l'équilibrage d'un vilebrequin est extrêmement délicat (que l'on se remémore le calcul des harmoniques !).

Par contre, les blocs-moteurs et les culasses sont coulés «à la poche» dans des moules de fonderie classiques surmontés d'une masselotte et de plusieurs évents ! Les carrosseries sont planées, lissées à la main pendant des heures. L'assemblage des moteurs s'effectue par quelques techniciens hautement spécialisés assurant l'intégralité de ce montage, dès lors responsables de leur qualité.

Les voitures tournent sur rouleaux pendant une heure à la vitesse théorique de 130 km/h. Des essayeurs les pilotent ensuite à grande vitesse sur le circuit d'essai privé Ferrari avant de les tester en ville, en condition trafic urbain : feux de croisement, freinage, démarrage, accélération, ralentissement, pendant des heures. Cette incursion chez Ferrari enchante nos ingénieurs internationaux. Le soir, le dîner, agrémenté de chansons napolitaines interprétées par des musiciens costumés, est excellent.

Le lendemain, descente sur Naples, Pompéi, Herculanum et Paestum. Les églises (Sainte-Anne-des-Lombards, la Nuovo-Cristo, Santa-Clara) sont saturées de chefs-d'œuvre. Ils admirent entre autres, dans la chapelle des princes Sansevero, un magnifique et émouvant Christ voilé, «Il Cristo voloto», dont le linceul en marbre réussit à donner l'impression de transparence... Les groupes statuaires du musée Capo di Monte sont splendides. Nos industriels sont ravis par Almafi, Ravello et sa villa Cimbrone, dans laquelle Wagner[1] composa l'opéra *Parsifal*, devant cette côte amalfitaine finement ciselée, exotique par sa végétation, ses palmiers. Au pied du Vésuve, ils déambulent dans Pompéi : l'amphithéâtre de 20 000 places, le temple d'Apollon aux quarante-huit colonnes ioniques, le théâtre, la maison du faune, la céramique du chien, le lupanar... Les temples de Paestum s'avèrent grandioses, comme la basilique du VIe siècle av. J.-C., avec ses cinquante colonnes parfaitement conservées.

Six mois après, le groupe a rendez-vous au Canada. Après la journée de conférence, où les discussions ont été difficiles, les profits étant menacés par une concurrence de plus en plus exacerbée, spécialement d'origine japonaise, un autocar vient les prendre pour les emmener au bord d'un lac. Ils embarquent sur un bateau à aubes mû par une machine à vapeur. Ils y dégustent un menu typique canadien (homard, bien sûr), en voguant entre les milliers d'îles parsemées sur ce lac. Nombre d'entre elles sont la propriété de riches Canadiens qui y viennent le week-end en petit hydravion privé ou en hors-bord

---

1. Richard Wagner (1813-1883) : compositeur et dramaturge allemand. On lui doit, entre autres opéras, la tétralogie *L'anneau du Nibelung*.

puissant. Au soir tombant, toutes les lumières de ces splendides propriétés leur paraissent autant de lucioles batifolant dans un décor féerique.

Les Allemands sont, à leur tour, chargés d'organiser la réception suivante. Ils choisissent la Bavière. D'où la visite des trois châteaux de Louis II[2], le roi dément. Il est difficile d'imaginer un décor plus baroque dans sa richesse, un tel étalement d'or et de cristal, le luxe inouï des décorations des murs et plafonds : du kitsch flamboyant ! Du stuc polychrome ! Un amalgame de styles... Le château de Neuschwanstein est particulièrement impressionnant. Dédié à la chevalerie et aux héros wagnériens, il a été construit sur un éperon de granit, comme une forteresse moyenâgeuse. La grande galerie des glaces, d'une longueur supérieure de cinq mètres à celle de Versailles, se visite à Herrenchiemsee, château construit en l'honneur du Roi Soleil; c'est en réalité une copie du château de Louis XIV. Quant à Linderhof, c'est un plagiat du Trianon. Les murs sont chargés de stucs, de dorures et de panneaux de porcelaine.

Le soir, leur est offerte une réception à la romaine, avec un maître de cérémonie casqué, glaive au côté, jupe courte, et tunique agrafée sur l'épaule comme un peplum. Des casques romains en carton leur sont distribués, et de nombreuses scénettes sont jouées entre les plats. Les assistants doivent boire dix litres de bière dans un vase de porcelaine qui passe de convive en convive, ils accompagnent en cortège autour de l'hôtel leur président couché sur une litière et porté par quatre «centurions». Tous sont casqués.

«Ave Cæsar, morituri te salutant»[3].

Le maître de cérémonie passe derrière chacun des convives avec son glaive pointé sur le cœur de ce centurion d'occasion, et tous les autres lèvent ou baissent le pouce pour demander la

---

2. Louis II (1845-1886) : fils aîné de Maximilien II.
3. «Salut, César, ceux qui vont mourir te saluent !»

grâce du gladiateur ou sa mise à mort. Un photographe immortalise chacun des convives dans ce face-à-face hilarant. Bien d'autres facéties les font s'esbaudir, et l'ambiance devient fort chaude à la fin du dîner, où bière, vins, alcool ont chauffé les esprits.

Il est bon de décrire précisément ces réjouissances qui prennent, au gré des pays visités, divers aspects plus ou moins comiques, mais toujours «bon enfant». Personne n'oserait imaginer des patrons américains de très haut rang se distrayant avec leurs directeurs internationaux comme une bande de collégiens déguisés, facétieux et chahuteurs.

C'est la détente totale après des conférences très ardues pendant lesquelles les objectifs non tenus attirent la foudre sur la tête des malchanceux; où les discussions s'avèrent âpres, quelquefois très tendues, jusqu'au bord de la démission... Autant les boss américains se montrent terribles dans leurs exigences, inflexibles dans l'application de leur stratégie, volontairement incompréhensifs devant les difficultés rencontrées, autant le soir ils se placent sur un pied d'égalité absolue avec leurs collaborateurs.

Ce trait de caractère est typiquement américain. La hiérarchie n'a pas la même signification aux États-Unis qu'en Europe.

Cette différence est sensible dans l'armée américaine, et les plus anciens d'entre nous s'en sont rendus compte à partir de juin 1944 pendant la Libération. Les officiers ne pontifient pas et sont toujours au milieu de leurs hommes, même en plein danger. Il n'est qu'à revoir, dans les films de guerre de l'époque, le fils d'Eisenhower, lui-même général, debout sur une plage du débarquement, sa badine à la main, se promenant calmement au milieu de la mitraille pour encourager ses soldats.

Au sein de la multinationale naît un esprit de corps remarquable, et Marc s'y épanouit harmonieusement. Les pérégrinations des directeurs internationaux continuent à Tokyo, New York, Londres, Taibei[4] ainsi qu'à Hong Kong.

4. Capitale de Taiwan.

Marc Vernon est par ailleurs appelé à New York, souvent à Detroit, parfois à Toronto, pour résoudre un problème particulier, tout comme ses collègues d'ailleurs. Ce sont des déplacement éclairs de deux jours, où le décalage horaire, le «jet lag», doit être supporté sans récupération possible. Le travail est donc hyper-intense, très fatigant, mais formidablement valorisant. Il faut évidemment pouvoir supporter un tel rythme...

Faire carrière dans une multinationale

Les multinationales ne sont pas l'apanage des seuls Américains. Il en est maintenant de nombreuses nationalités, y compris française. La plupart d'entre elles, en particulier les américaines, permettent à leurs proches collaborateurs, qu'ils soient fils de l'oncle Sam ou non, de réussir des défis très intéressants.

Loin de Marc la pensée qu'il n'est de salut que dans les multinationales, et que les grandes carrières ne peuvent s'épanouir qu'en leur sein. Simplement, la couverture mondiale de ces sociétés offre de larges débouchés, des contacts internationaux instructifs, en alimentant l'insatiable curiosité de leurs collaborateurs qui se déplacent souvent en de nombreux pays.

Une compétition forcenée se déroule entre les filiales, chacune désirant afficher les meilleurs résultats : accroissement du chiffre d'affaires, réduction des coûts et amélioration des marges bénéficiaires. L'émulation inter-filiales est alors incessante, et oblige tous les acteurs du groupe à une lutte sans merci. C'est dans de tels combats que les résultats obtenus sont les plus gratifiants.

«Nothing succeeds like success»[1].

1. «Le succès appelle le succès.»

La nuit tombe. Marc se dirige vers le pavillon des Arts et Métiers, dans lequel il a été si heureux pendant un an. Il y a amené quelquefois Simone et ses filles, pour leur montrer sa chambre d'étudiant, la cafétéria, la salle de spectacle, la bibliothèque. Ce soir encore, le passé l'envahit. C'est ici qu'il a travaillé pour finir de mériter son diplôme d'ingénieur. C'est là qu'il a réalisé son projet de fin d'études.

Il pense à ses filles. Aucune n'est gadzarette. Quelle importance, en vérité ? Toutes trois sont bachelières. Laure est ingénieur de Sup Aéro, Sylviane et Agnès ont fait du paramédical. Ce sont de solides métiers qui leur ont permis de gagner leur vie avant de se marier. Agnès s'est arrêtée de travailler pour élever ses quatre enfants, Laure et Sylviane continuent d'exercer leur profession. Sept petits-enfants entourent désormais Simone et Marc. Pas de drogue, pas de maladie grave, pas de chômage ! Alors, la réussite ? Le bonheur ? Marc et Simone sont suffisamment philosophes pour gommer certains comportements des uns et des autres : la perfection n'existe pas. Eux-mêmes n'ont pas toujours fait montre de la compréhension désirable ni de la patience souhaitable.

Marc songe aux sérieux problèmes rencontrés par certains parents dans l'éducation de leurs enfants. Ces gros ennuis leur ont été épargnés à tous deux. Il est heureux de l'équilibre de sa famille.

Un directoire en action

Qu'est-ce que manager ? C'est essentiellement gérer et prévoir. C'est faire en sorte que l'entreprise croisse harmonieusement, qu'elle soit rentable, que son personnel soit plutôt heureux de collaborer à son succès. Tout en donnant satisfaction au capital, les actionnaires, il faut également honorer le travail, le personnel.

Le directoire se réunit donc périodiquement et traite les questions à l'ordre du jour. Les réflexions portent sur l'obtention de gros marchés en France et à l'étranger (Europe et Amérique du Nord), sur la stratégie de la concurrence, sur les augmentations des prix de vente afin de contrebalancer la dérive des coûts principalement due aux hausses des matières premières, et sur les investissements à lancer pour développer de nouveaux produits. Marc, en tant que directeur commercial, est souvent sur la sellette, car il lui appartient d'obtenir les commandes, d'étudier la concurrence et d'arracher les hausses de prix.

C'est une lutte constante contre les constructeurs d'automobiles, qui exigent des améliorations de productivité de l'ordre de 5 % par an. Ils refusent d'accorder des augmentations de prix compensant l'accroissement du coût des matières premières. Il faut déployer des trésors de patience, avancer des tonnes d'arguments, parfois user de menaces pour gratter des augmentations de prix de 1 %. Menaces ? Oui, mais bien présentées : pas de chantage...

– Nos prix sont transparents. Étudiez-les. Vous vous apercevrez que nous perdons de l'argent.

– Impossible. Nous allons envoyer nos contrôleurs dans votre usine pour vérifier vos gammes.

– De toutes façons, comprenez bien que si nous ne pouvons pas rétablir notre équilibre, nous serons obligés d'arrêter nos livraisons. Il n'est pas question de travailler à perte ! Bien entendu, nous vous laisserons le temps de trouver un autre fournisseur. Nous ne voulons pas mettre vos chaînes en panne...

Les contrôleurs viennent alors en usine. Un véritable combat s'engage :

– Vous pourriez accroître la vitesse de cette chaîne de production.

– Pas question ! Sinon, c'est la qualité du produit qui va s'en ressentir.

– Et cette pièce ? Pourquoi est-elle taillée dans la masse ? Il y a trop d'acier perdu en copeaux.

– Non. C'est obligatoire d'opérer ainsi pour la bonne résistance de la pièce, sauf à la matricer. Mais le coût de l'outillage de matriçage, dans ce cas, est exorbitant ! Il faudrait des années pour l'amortir. Vous voyez, ce n'est pas votre intérêt...

Etc.

Finalement, devant le danger de perdre un bon fournisseur, le client tranche en accordant la moitié des augmentations demandées, hausse qui concourt à maintenir la marge bénéficiaire. Ces débats sont usants, mais impératifs pour assurer la survie de l'entreprise, car toutes les requêtes ne peuvent être exaucées, loin s'en faut.

La pression exercée par le président du directoire est terrible : il exige, non seulement le respect des marges bénéficiaires acquises, mais leur amélioration ! Et dans un contexte de concurrence extrêmement puissante : les Japonais font peur aux constructeurs européens, lesquels pressurent leurs fournisseurs ! Le directoire doit également travailler pour l'avenir en prenant la majorité dans les filiales que le groupe ne contrôle pas encore complètement, la maison mère n'ayant que 50 % du capital de ces sociétés. C'est le cas pour la filiale espagnole. Marc Vernon est président du conseil d'administration de cette filiale, ce qui l'oblige à se rendre mensuellement à Madrid. Le vice-président américain l'accompagne à plusieurs reprises pour rencontrer le président espagnol, qui ne parle ni anglais, ni français, afin de jeter les bases d'un accord d'achat de ses parts, lesquelles s'avèrent fortement surévaluées : c'est le jeu !

Les volumes de production des automobiles fabriquées en Espagne ne sont pas suffisants pour que les équipementiers puissent pratiquer les livraisons en flux continu. Pour obtenir des prix compétitifs, les clients doivent passer des commandes importantes à leurs propres fournisseurs, d'où des stocks forcément pléthoriques. Difficile alors de mettre en œuvre le processus de production en flot continu, dont le principal avantage réside justement dans la quasi-suppression des matelas intermédiaires de pièces composantes.

Le vice-président américain n'accepte pas l'existence de ces stocks. Il entreprend alors d'en convaincre le président espagnol. Dans la salle de conférence de la société madrilène, il se lève, et dessine au tableau une rivière avec des rochers au fond du lit qui entravent son débit. La démonstration est faite en anglais, seule langue que le vice-président américain est capable d'utiliser, expliquée en français par Marc, et un collaborateur espagnol bilingue français-espagnol traduit alors le propos au président espagnol. La réponse suit, à l'envers, le même chemin : espagnol, français, anglais. Très pris par sa démonstration, l'Américain coupe peu à peu au tableau la hauteur des rochers jusqu'à les réduire à néant, montrant par là que ces rochers-stocks une fois disparus, le débit de la rivière-production devient maximal, en somme un véritable flux continu. CQFD !

Le visage du président espagnol exprime des sentiments visiblement expectatifs : il ne comprend rien et regarde l'Américain comme on examine un mouton à cinq pattes. Il articule alors en espagnol une réponse rapide, qui est traduite en français de la manière suivante : «Le président dit qu'il n'y a aucune rivière sous son usine.»

La tête de l'Américain vaut alors son pesant d'or quand Marc lui traduit cette sensationnelle méprise : «There is no river under the factory» ! Il faut croire que la chaîne de traduction a bien mal fonctionné, ou que le cerveau du président espagnol est ce jour-là fort embrumé. À moins que ce ne soit un trait d'humour espagnol ! Finalement, après d'innombrables tractations, des mois de discussion en présence d'avocats américains et espagnols, un contrat est signé, et le groupe américain prend le contrôle total de la filiale espagnole.

Toutes les discussions engagées avec des industriels pour les neutraliser, afin de consolider la position de la multinationale américaine sur le marché européen, ne sont pas toujours suivies d'un résultat aussi positif. Entre autres, les constructeurs français s'opposeront à la tentative de rachat d'un concurrent, craignant la constitution d'un monopole !

Bien des occasions ponctuelles conduisent Marc Vernon à voyager pour visiter une usine, discuter avec un concurrent, étudier la possibilité de prendre une partie du capital du fournisseur. Certaines de ces investigations s'avèrent pittoresques, comme la visite à un industriel monégasque. Paris-Nice en avion, Nice-Monaco en hélicoptère. Le survol de la Côte d'Azur, le passage au-dessus de Saint-Jean-Cap-Ferrat sous le soleil à l'aller, la nuit au retour, devant des myriades de lumières scintillantes, dans un petit hélicoptère de cinq places, pilote compris, procurent des sensations inédites.

Avant d'être un commercial cochargé d'une direction générale au sein d'un directoire, Marc Vernon reste avant tout un ingénieur. Lors de toutes les visites qu'il effectue, il évalue l'entreprise, particulièrement son parc machines. Il analyse les gammes de production, étudie les moyens mis en œuvre pour l'obtention d'une qualité fiable, observe les appareillages de laboratoire, discute avec les techniciens du bureau d'études et du service méthodes, calcule l'investissement effectué en CAO et CFAO, estime la rentabilité réelle de l'entreprise, et n'admet pas a priori les marges bénéficiaires rutilantes qui lui sont présentées. Toutes ces investigations exigent des connaissances techniques approfondies, celles qu'un ingénieur maîtrise grâce à sa formation et à son expérience industrielle.

Les études dont Marc a la charge ne se limitent pas au territoire français. Il effectue bien des voyages dans les pays importants producteurs de voitures, l'Allemagne, l'Angleterre, l'Italie et l'Espagne : tout d'abord, en tant que fournisseur des constructeurs étrangers (tous sont ses clients, sauf Porsche et Rolls-Royce); ensuite, pour prendre contact avec des entreprises avec lesquelles son groupe pourrait éventuellement coopérer, dans le cadre d'accords simples ou de joint-ventures plus complexes.

D'où l'impérieuse nécessité de parler «fluently»[1] la langue anglaise, cet espéranto économique mondial actuel. Marc Vernon doit être capable de faire des conférences en anglais, d'assister à des meetings de dizaines de personnes, de discuter en tête-à-tête avec des industriels de haut rang. Sans qu'il prétende être bilingue, la maîtrise de l'anglais est pour lui un «must». Il est heureux d'avoir développé les efforts nécessaires pour utiliser correctement cette langue.

---

1. Fluently : couramment.

L'ingénieur généraliste aux commandes d'une entreprise

La diversité des tâches d'un directoire, et plus généralement d'une direction générale, est passionnante : aucune répétitivité, la plupart des problèmes sont nouveaux, les difficultés à résoudre multiples et diverses, les responsabilités larges. L'ingénieur généraliste s'adapte aisément à toutes les facettes constitutives des tâches de direction dans la mesure où il a suivi une formation complémentaire, par exemple marketing et financière.

Il est clair qu'être membre d'un directoire est plus confortable que d'être seul à la barre comme l'est un directeur général :

«Two heads are better than one»[1].

A fortiori cinq têtes, puisque la loi française permet à un directoire cette capacité maximale.

Quand le directoire est bien composé, regroupant les directions technique, commerciale, financière et administrative, les décisions prises sont optimales, puisque réfléchies par des cadres d'optiques différentes et complémentaires. L'ingénieur peut y occuper une place de choix par la polyvalence de ses concepts, grâce à l'étendue de ses connaissances.

1. «Deux têtes valent mieux qu'une.»

Fin de carrière... provisoire

Pendant douze ans, dans cette multinationale américaine, Marc Vernon lutte sur bien des fronts, en France et à l'exportation. Le travail consiste à étudier les plans de fonction d'un équipement automobile bien avant la naissance du véhicule, au stade de l'avant-projet, que ce soit un filtre, un frein, un lève-vitre, une planche de bord, une serrure..., ou tout autre organe. Ce plan de fonction est accompagné d'un cahier des charges global et approximatif.

Il est important de noter l'évolution capitale qui s'est produite chez les constructeurs d'automobiles : leurs fournisseurs étaient, auparavant, des sous-traitants auxquels des plans étaient confiés pour chiffrage. Ils sont devenus dans les années 80 des partenaires ayant à charge d'étudier l'équipement, afin de proposer à leurs clients les meilleures solutions en fonction des toutes dernières technologies connues, en l'état de l'art. Cette mutation profonde des relations clients-fournisseurs a eu pour conséquence le renforcement des départements études, recherche et développement chez les équipementiers partenaires, et, a contrario, l'allégement des effectifs techniques de conception chez les constructeurs.

Il faut dès lors faire preuve de créativité, savoir innover, sortir des sentiers battus, trouver des solutions hardies, rechercher des matériaux nouveaux. Tous les grands équipementiers européens, américains et japonais se livrent alors une guerre technologique et économique totale. Car il faut, de surcroît, être le mieux placé en matière de prix et de service ! Il y a là un champ d'action, ou plutôt un champ de bataille, de nature à plaire aux plus combatifs.

Prendre ou perdre un marché devient vital pour l'entreprise. Les grandes séries de l'automobile impliquent des enjeux financiers extrêmement lourds : une commande d'équipements pour un véhicule fabriqué pendant sept à huit ans, sans omettre le marché des pièces de rechange à fournir après son extinction en fabrication, atteint couramment cent millions de francs !

Il est alors impératif de faire feu de tout bois, de jouer sur les registres les plus divers. Une excellente solution technique novatrice, un prix bien placé, un service sans faille, bien entendu une qualité totale (le fameux zéro défaut), et... les relations les plus amicales possibles avec les services achats des constructeurs : auprès d'eux, inspirer confiance, être de parole, s'avérer fiable, nouer des relations étroites au plan humain, savoir plaire et distraire.

La multinationale américaine, dans son budget, prévoit le coût de quelques voyages d'études à offrir à des clients. Ces voyages sont destinés à resserrer les liens avec la clientèle et à aborder, sur un terrain inhabituel, des problèmes ne pouvant être traités dans le cadre du «day-to-day business»[1]. Marc part donc avec des acheteurs français et étrangers en Allemagne, en Espagne, en Italie..., où des visites d'usines sont organisées.

Est-ce du temps et de l'argent gaspillés ? Certes non ! La meilleure façon de se connaître et de s'apprécier est bien de vivre ensemble hors des contraintes des relations industrielles. Pour autant, faut-il considérer que ces acheteurs sont influencés ? Sûrement pas ! Ils feront tous consciencieusement leur travail, après ces voyages tout comme avant.

Simplement, ils guideront Marc plus étroitement, sans jamais donner de prix, mais en signalant qu'il existe un écart. En fait, c'est déjà du «benchmarking»[2], avant même que cette appellation entre dans tous les livres de marketing. C'est également l'intérêt de leur patron, le fournisseur déployant alors tous ses efforts pour réduire ses coûts. Chacun y trouve son compte : Marc est mieux orienté et le client bénéficie finalement de meilleures conditions...

---

1. Day-to-day business : travail quotidien.
2. Benchmarking : étalonnage concurrentiel.

Le temps s'écoule vite pour Marc Vernon, partagé entre la lutte pour l'obtention des marchés, l'amélioration des marges et le rôle qu'il a à jouer dans le directoire. Dès qu'un véhicule reçoit du constructeur un numéro de code, l'action s'enclenche. Le projet s'élabore, les premières présentations s'effectuent au bureau d'études du client, les prototypes sont lancés. Les essais commencent, souvent longs : bien des équipements doivent résister à trente mille cycles de fatigue. En parallèle, les premières ébauches de devis se calculent, et les discussions initiales s'esquissent avec le service achats des constructeurs.

Marc, directeur commercial, suit tous les stades de la progression de l'étude, assure le lien avec les services techniques et achats du constructeur, active ses propres services études-développements-essais, suggère des améliorations, les chiffre et sonde le client afin d'apprécier ses réactions, l'amélioration proposée pouvant apporter une économie ou une augmentation du coût, si le niveau de qualité s'avère plus élevé. Il poursuit de nombreux développements en même temps, avec les deux grands constructeurs français et certains constructeurs étrangers. C'est dire qu'il court constamment du siège parisien aux usines en Europe, parfois même aux États-Unis, car Chrysler est client.

Une douzaine d'années filent ainsi à la vitesse de la lumière. La soixantaine révolue, Marc Vernon commence à envisager l'éventualité d'une proche retraite, ce qui ne le réjouit absolument pas ! Il s'en ouvre à son président américain, lequel l'assure du besoin absolu qu'il a de sa collaboration. Pas question de retraite, avant... des années. Marc compte donc rester dans cette multinationale pendant... peut être un lustre ? Une fois encore, le destin en décide autrement.

Nouveaux produits : risques et opportunités

Dans une entreprise, il est souhaitable que les directions des services techniques et commerciaux travaillent en parfaite harmonie. Ces deux partenaires jouent la même partition, la valeur de la symphonie interprétée dépend de leur symbiose.

Ils sont souvent amenés à visiter les clients, l'un pour présenter le projet et en souligner le caractère novateur, l'autre pour chiffrer le coût de l'équipement tel que prévu et les incidences des variantes éventuelles.

L'un peut être tracteur et l'autre tracté, à tour de rôle. Le directeur commercial peut en effet lancer le service technique sur des projets sortant du cadre habituel des activités de la société, de son «core business»[1], une enquête de marché lui ayant révélé des besoins nouveaux.

Réciproquement, le directeur technique pourra développer une nouvelle étude relative à un équipement non encore connu, avec prise de brevet, et demander à son collègue commercial d'en effectuer la promotion.

«Nothing ventured, nothing gained»[2].

Il leur appartient donc de prendre des risques calculés, pour ouvrir des marchés nouveaux. Ce que les industriels américains étudient en dressant la balance «risks / opportunities».

---

1. Core business : activité essentielle.
2. «Qui ne risque rien n'a rien.»

Marc s'est réalisé pleinement dans cette multinationale. Un tel groupe constitue un vaste terrain d'expérience. C'est une gamme passionnante de nationalités variées et enrichissantes.
Simone a heureusement pu se joindre à lui lors de certains voyages d'affaires : à Londres pour la finale du tournoi de tennis de Wimbledon, où Marc rencontre des clients britanniques. Aux Caraïbes, lors d'une étude des marchés guadeloupéens et martiniquais (ô parfum des îles... Antigua, Saint-Thomas, Sainte-Lucie, la Barbade, les Grenadines !). En Grèce, à l'occasion d'une convention à Athènes. À Istanbul, pour soutenir les exportations du groupe en Turquie (merveilleuse mosquée bleue décorée de faïences de couleur turquoise). En Égypte, grâce à un colloque international organisé au Caire. Ils s'étaient alors offert une semaine paradisiaque : le Sphinx et les pyramides de Chéops, Chéphren et Mykérinos. L'avion leur permit en une heure d'atterrir à Louxor : majestueux temple de Karnak ! Les tombes pharaoniques de la vallée des Rois... La remontée du Nil jusqu'au lac d'Assouan... La vallée des temples sauvés des eaux : Philae et Abou-Simbel. Que de splendides souvenirs !
Bien d'autres pays les accueillirent aussi : la Tunisie, qu'ils parcoururent depuis la palmeraie enchanteresse de Sfax jusqu'aux ruines grandioses de Carthage, en passant par la ville sainte de Kairouan (et ses vendeurs de tapis...). Le Maroc, le palais de Marrakech, les champs d'oliviers, les confins du désert à Ouarzazate. Et de nombreuses villes européennes très chargées d'histoire, telles que Vienne, Prague, Amsterdam, Venise, Florence, où foisonnent musées, églises et palais.
Ils furent heureux d'en bien profiter, appréciant tous deux les ensembles architecturaux, les chefs-d'œuvres des grands maîtres de la peinture et de la sculpture.

De la multinationale à la PME

Un simple appel téléphonique va faire basculer la fin de carrière de Marc Vernon.

– Pourriez-vous être des nôtres à dîner demain soir ? Cela vous convient-il ?

– Possible, cher monsieur, mais dans quel but ?

– Nous aimerions mieux nous en entretenir lors de ce dîner amical. OK ?

– OK.

C'est ainsi que Marc, honorable collaborateur d'une multinationale, rejoint pour dîner les administrateurs d'une petite société, qu'il connaît vaguement. Après le kir royal, et toutes les savantes considérations habituelles sur la politique et l'état économique de la France, les tendances boursières et les relations franco-allemandes, l'un des administrateurs entre dans le vif du sujet.

– Cher monsieur Vernon, vous avez fait une belle carrière dans votre multinationale, où vous assurez de hautes fonctions. Pour autant, y êtes-vous attaché au point de fermer vos oreilles à toute proposition ?

– Pourquoi voudriez-vous que je n'entende point ce que vous avez à me dire ?

– C'est donc clair. Nous sommes actionnaires et administrateurs d'une petite société, une centaine de personnes, distributrice d'accessoires pour automobiles et poids lourds. Cette PME ne se porte pas bien. Nous aimerions la redresser, éventuellement pour la vendre. Et nous avons pensé à vous.

– Comme conseil ?

– Non. Comme directeur général à plein temps. Avec tous pouvoirs.

– Pourquoi moi ?

– Parce que vous avez quarante années de carrière, ou presque, dans le milieu automobile, également parce que les fonctions que vous assumez nous semblent constituer une garantie de réussite.

– Je vous suis reconnaissant de votre confiance. Mais... il y a un mais ! Une petite entreprise pourrait difficilement supporter, je crois, le poids de ma rémunération…

– Détrompez-vous, monsieur Vernon, c'est un investissement comme un autre. D'ailleurs, vos conditions seront acceptées sans aucune restriction.

– Parlez-vous sérieusement ?

– Sans aucun doute. Vous rédigerez votre contrat comme bon vous semble. Nous ne discuterons absolument pas.

Ayant dépassé la soixantaine, Marc réfléchit. Il voit là l'occasion de sortir de sa multinationale par la grande porte, en évitant qu'un jour, son président-directeur général américain lui dise : «Je te trouve un peu fatigué. Il serait peut-être temps de songer à une retraite bien méritée !»

Il aurait détesté entendre une telle phrase... Sans trop y croire, il rédige un contrat «bétonné», fondé sur une forte rémunération assortie d'un intéressement élevé. Et à sa grande surprise, les actionnaires de la PME acceptent. Il signe donc son contrat, et remet sa lettre de démission à ses collègues du directoire.

Le patron américain ne veut pas l'accepter. Il est vexé. Il n'admet pas qu'un cadre de haut niveau quitte la société ! Dans son esprit, c'est à lui de mettre fin à toute collaboration, et non l'inverse.

«Time and tide wait for no man»[1].

Nul n'est indispensable : c'est ce que notre transfuge lui répond. Marc trouve alors son successeur, le met complètement au courant, a droit au pot d'adieu traditionnel, au cadeau

1. «Le temps et la marée n'attendent aucun homme.»

de ses collègues, amis et collaborateurs. Et il prend la direction de la PME.

Bureau à Paris, magasins et ateliers en province. Il est heureux de changer d'activité et surtout d'être soumis à une charge de travail qu'il s'imagine moindre : cette société ne fabrique rien, étant seulement distributrice d'équipements automobiles. Quelle erreur ! Il comprend vite qu'il aura tout à prendre en mains. Dans une grande entreprise, toute question juridique, par exemple, est résolue aisément avec l'aide du docteur en droit qui assume la responsabilité du département propriété industrielle. Toute question d'ordre social relève du domaine du directeur des ressources humaines, et ainsi de suite. Dans une petite entreprise, au contraire, le directeur est seul à la barre. Il doit être un homme-orchestre ! Il a tout à faire, à régenter, à décider. Il assume toutes les responsabilités, techniques, commerciales, juridiques, sociales, financières... Il doit déployer une très grande activité...

Donc, pas de travail tranquille. Pas de longues réflexions dans son bureau !

Sur le terrain, tout de suite en action ! Il refond complètement le réseau commercial, embauche de nouveaux représentants, leur assigne des quotas précis basés sur les indices de richesse vive des départements français. La société exporte peu, à l'exception de la Suisse, de la Belgique, du Maghreb et de quelques pays du Moyen-Orient et d'Afrique du Sud. Afin d'apprécier les difficultés de vente et de connaître l'image de marque de la société, Marc entame un cycle de tournées avec chacun de ses représentants, ce qui le conduit dans toutes les régions de France.

Il réorganise la documentation, fait imprimer mensuellement un petit journal de liaison société-clientèle. Il lance des campagnes de promotion, cadeaux à l'appui pour les augmentations de chiffres d'affaires de ses distributeurs, avec intéressement pour ses représentants.

Il embauche un chef de service export, et l'accompagne à l'étranger, tout particulièrement au Maghreb où les véhicules vétustes du parc consomment beaucoup de pièces de rechange.

Il dresse un plan de restructuration, le cœur serré, ne trouvant aucune autre solution à court terme pour remettre l'entreprise à flot. Il décide de se séparer d'une dizaine de collaborateurs. Il doit convaincre le comité d'entreprise de la sagesse de sa décision. Il entre en conflit avec l'inspecteur du travail qui s'oppose à cet assainissement. Il recherche de nouveaux marchés et élargit la gamme des produits de la PME. Il met en place des distributeurs à l'étranger. Il compresse les prix d'achat et se sépare des fournisseurs qui refusent de le suivre.

Il fait, il dit, il met... Et ce n'est toujours pas suffisant ! Il décide alors, pour accroître très sensiblement la rentabilité de l'entreprise, d'étudier les possibilités d'approvisionnement en Extrême-Orient. Marc convainc les actionnaires de l'utilité d'un voyage à Taiwan et en Corée du Sud, pour lui-même et ses deux chefs de vente.

Il partent deux semaines. Douze heures d'avion, une escale à Hong Kong, et un débarquement à Taibei, capitale de Taiwan. Ils sont surpris de trouver dans cette ville une magnifique vitrine commerciale, sous la forme d'un «world trade center»[2] comme il n'en existe pas même à Paris. Une immense salle d'exposition, comprenant plus de mille stands, un hall de présentation d'échantillons de plus de deux mille fabricants, où les industriels taiwanais disposent d'une cabine de verre d'un mètre cube chacun, pour y faire valoir la gamme de leurs produits... C'est un annuaire industriel grandeur nature, contenant tous les renseignements désirables, ainsi que le nom et les coordonnées des exposants. Grâce à cette remarquable organisation, ils peuvent prendre immédiatement des rendez-vous et visitent une douzaine d'entreprises dans le nord de Taiwan.

Dans ces usines, l'accent est mis sur l'investissement productif au détriment du social, du confort et de la sécurité. Ils

---

2. World trade center : centre de commerce international.

voient, par exemple, des presses classiques à col de cygne fonctionnant sans aucune protection, ni barrière de cellules photoélectriques, ni même les trop célèbres bracelets qui enserraient les poignets des ouvriers européens il y a quelques décennies, et en faisaient des forçats enchaînés à leurs machines... Dans ces conditions, les prix peuvent être compétitifs, parfois la moitié de ceux pratiqués dans certains pays européens comme l'Espagne ou la Slovénie, pourtant réputés pour leur main-d'œuvre bon marché.

Ils prennent l'avion pour Séoul en Corée du Sud. Ils sont suffoqués de découvrir un autre «world trade center» de cinquante-cinq étages développant 600 000 m^2 ! Grandiose ! Plus de huit cents industriels sud-coréens y exposent leurs produits.

Ils n'ont pas le loisir d'effectuer beaucoup de visites touristiques, excepté pendant le week-end à Taibei. Le colossal monument de marbre blanc dédié à Tchang Kaï-Chek, et abritant sa statue en bronze d'un poids de vingt-cinq tonnes, se situe au milieu d'un parc aux pavillons gracieux et aux étangs placides. C'est une architecture somptueuse. Une visite au temple de Longchan s'impose, ne serait-ce que pour y découvrir quelques divinités bouddhiques, comme Kouan-Yin, dieu de la bienveillance, et surtout Kouan-Kong, dieu de la guerre... et du commerce ! Ce rapprochement ne s'invente pas...

Nos trois explorateurs reviennent du pays des Dragons et de celui du Matin Calme chargés de propositions ultra-intéressantes. Il y aura ainsi matière à une importante réduction du budget d'achat, donc à un accroissement significatif de la marge bénéficiaire. Cet avantage permet d'ouvrir une guerre sans merci au seul concurrent important de cette PME.

Deux solutions s'imposent dès lors : les actionnaires achètent le concurrent, ou l'inverse, pour mettre fin à ce combat fratricide qui ne profite qu'à la clientèle; compte tenu de l'âge des administrateurs de la PME, les concurrents décident d'acquérir les parts des actionnaires. Et cette alliance met fin aux activités de Marc Vernon, après deux années passées dans cette société. Marc se décide, dans ces conditions, à prendre sa retraite.

Commencer sa carrière dans une PME-PMI ?

Il faut retenir de cette expérience en petite entreprise quelques données simples, mais très utiles, en particulier pour les jeunes ingénieurs désirant travailler dans une PME. Il est impératif d'être capable d'assurer de nombreuses fonctions en parallèle : production, technico-commercial, recherche et développement, après-vente, qualité. Il faut, en effet, faire montre d'une large polyvalence fonctionnelle pour réussir dans une PME. Les horaires y sont anarchiques, les perspectives d'évolution aléatoires, et la bataille pour la survie de l'entreprise exige une implication personnelle totale.

Par contre, les cadres travaillent directement avec le patron, et se voient très vite chargés de responsabilités importantes. Le choix est également en relation avec le caractère et l'ambition du jeune ingénieur. Si celui-ci est un animateur désirant travailler dans une entreprise dite «à taille humaine», s'il n'est pas dévoré par l'envie de monter très haut en gravissant les échelons d'une grille hiérarchique étendue, s'il ne cherche pas à utiliser coûte que coûte les quelques langues étrangères qu'il s'est efforcé d'apprendre, s'il n'est pas spécialement attiré par les affrontements concurrentiels intercadres féroces, comme ceux qui ont fréquemment lieu en grande entreprise, alors oui, il peut s'orienter vers la PME.

Qu'il fasse alors sienne la devise :

*«One is never so well served
as by oneself»*[1].

1. «On n'est jamais si bien servi que par soi-même.»

Qu'il sache, d'ailleurs, qu'un début de carrière en PME ne constitue pas un handicap pour se diriger ensuite vers une grande société, car une petite entreprise est souvent considérée comme une excellente école. Il rejoindra ainsi la moitié des jeunes diplômés des grandes écoles qui travaillent en France dans des entreprises de moins de cinq cents personnes.

Il fait nuit. Marc traverse le parc de la cité universitaire pour retrouver sa voiture. Il pense de nouveau à Simone et à ses filles. Leur a-t-il accordé toute l'affectueuse attention souhaitable ? Il l'aurait voulu, bien entendu...

Mais une entreprise est une ogresse qui dévore le temps de ses cadres. Il est difficile, pour un ingénieur, de respecter l'horaire minimum fixé. Il se doit d'arriver à l'heure, et il lui est souvent impossible de repartir en même temps que la plupart de ses collaborateurs. Non pas pour se faire bien considérer ! Car ce n'est pas le temps passé dans l'entreprise qui compte, c'est l'efficacité du travail réalisé et les résultats obtenus. Le soir, il y a souvent des appels téléphoniques à donner ou à recevoir, des dossiers à terminer, le travail du lendemain à préparer. Fréquemment, l'ingénieur responsable d'un service travaille neuf à dix heures minimum par jour, et cela écourte d'autant le temps passé en famille, surtout si le trajet aller-retour entre son domicile et son bureau est conséquent. Il y a les voyages, en France et à l'étranger, qui le mobilisent et l'éloignent fréquemment de son foyer. Les à-coups de fabrication sont aussi responsables de bien des retards, ainsi que les erreurs de qualité et les pannes de machines. La mise en route d'une nouvelle chaîne de production exige fréquemment une présence nocturne. Il faut également faire face aux gros pépins, accidents, incendies... Marc se souvient de la catastrophe qui s'était produite au début d'un pont de quatre jours : les magasins d'un constructeur d'automobiles avaient brûlé. En famille, dans sa maison de campagne, le jour de l'Ascension, vers onze heures du matin, il fut appelé par le service achat de ce client : «Nous ne pourrons pas produire de voitures lundi prochain, par manque de filtres à huile. Tout a brûlé ! Il faut nous dépanner.»

Retour à Paris. Recherche du directeur d'usine concerné : «Veuillez convoquer par téléphone, par radio, le maximum d'ouvriers. Il faut produire cette nuit, et pendant tout le pont. J'arrive.» Marc resta trois jours et trois nuits dans l'atelier sans dormir, se nourrissant de sandwiches, travaillant parfois lui-même sur machine pour remplacer un ouvrier épuisé. Une fois encore, sa femme et ses filles durent se passer de sa présence.

Il est des devis qui doivent être impérativement déposés avant une date limite. Il manque le prix de certaines pièces constitutives qu'il faut estimer, le calcul des investissements n'est pas terminé, etc. D'où une réunion interservices qui commence à seize heures et se termine à deux heures du matin !

Simone devait, si un enfant avait de la fièvre, appeler le médecin et chercher en taxi les médicaments chez le pharmacien de service.

Un autre souvenir : pendant les six pauvres jours par an qu'il tentait de prendre à Courchevel pour se «retremper», l'appel de son patron :

– Le grand Manitou américain arrive impromptu des États-Unis pour faire la visite de nos usines. Vous devez absolument être là. Prenez le premier avion ! Vous retournerez au ski après cette visite...

Refuser ? C'eût été suicidaire ! Impensable ! Un casus belli[1] !

Il décolla de l'altiport de Courchevel dans un petit avion, qui prit son vol sur une piste en pente descendante avant de dominer les splendides massifs enneigés éblouissants de clarté, de lumière... Marc resta deux jours à Paris, ne trouva pas d'avion pour le retour, et revint en voiture le troisième jour... juste à temps pour ramener sa famille.

Nombre d'épouses de ses camarades de promotion, discutant entre elles, se plaignaient de passer... après le travail de leur conjoint :

– Mon mari ? Mais il est d'abord marié avec son entreprise. Moi, je passe après...

Bien que la formule soit exagérée, elle n'est pas tout à fait fausse. Mettez le doigt dans un train d'engrenages, et le corps y passe tout entier...

---

1. Casus belli : acte occasionnant la guerre.

Sans vouloir spécialement devenir un carriériste, il est exact qu'un ingénieur se laisse prendre au jeu, que le sentiment d'utilité qu'il ressent s'avère très fort, et qu'il ne peut pas «décrocher» aisément. Il y a donc un choix à opérer :

• soit poursuivre une petite carrière assez tranquille, permettant par exemple de jouer au tennis tous les jours à dix-huit heures trente,

• soit se donner corps et âme à l'entreprise pour la faire fructifier, et en ce cas, la vie de famille en souffre quelque peu.

Il faut à l'ingénieur un conjoint compréhensif, qui accepte une vie trépidante, fertile en événements, dans laquelle l'imprévu domine fréquemment.

Marc est heureux d'avoir eu en Simone une telle compagne.

Ingénieur-conseil

Marc Vernon s'est toujours intéressé, quelles que soient ses fonctions, à la psychologie. Cet intérêt l'a conduit à embaucher lui-même ses collaborateurs avec l'aide d'un psychologue. Un recrutement signifie une évaluation des éléments de la personnalité au moyen d'un examen psychotechnique, complétant le classique et indispensable entretien. Il est désormais admis que recruter un cadre est une tâche difficile; le droit à l'erreur est exclu ! L'investissement que représente la formation d'un ingénieur dans l'entreprise n'autorise que des embauches couronnées de succès. Les plus grandes précautions sont donc à prendre pour mesurer l'adéquation du profil psychologique du candidat avec la définition de fonction afférente au poste à pourvoir.

Un profil psychologique comprend essentiellement :

- la mesure du niveau d'intelligence rationnelle,
- un score en matière d'intelligence intuitive,
- la détermination des tendances personnelles innées (ou centres d'intérêt),
- le degré d'aptitude à la négociation,
- la prédisposition au dynamisme.

Toutes ces caractéristiques sont mesurées et comparées à des grilles matricielles établies par des centres de psychologie appliquée, permettant ainsi de situer l'individu au sein d'une population étalonnée en fonction des âges et des niveaux culturels. À ces caractéristiques de base s'ajoutent des appréciations concernant différents autres aspects de la personnalité du candidat : sociabilité, autorité, conscience professionnelle, etc.

Il est donc passionnant de pratiquer de telles investigations. C'est ce qui pousse Marc Vernon, désormais retraité, à devenir ingénieur-conseil d'entreprise pour la sélection des cadres. Il dévore de nombreux traités de psychologie, suit des cours appropriés, et adopte le statut de profession libérale. Il fait imprimer quelques milliers de notices publicitaires pour présenter ses services. Certaines sociétés lui font confiance. Elles lui définissent le profil idéal du cadre recherché et lui soumettent quelques candidats.

Marc débute ainsi sa nouvelle activité. Il sélectionne des acheteurs, des représentants, des spécialistes de la qualité, des gardiens d'immeuble, des directeurs d'établissement, des économes d'hôpital, des secrétaires généraux et de nombreux ingénieurs. Il se déplace en province pour prendre contact avec les employeurs, analyse l'environnement du poste proposé, définit plus précisément les profils requis, prévoit l'adéquation du caractère de l'embauché à celui de son futur patron. Il lui arrive d'examiner en même temps une douzaine de candidats, leur faisant passer une batterie de tests psychotechniques et les recevant ensuite à tour de rôle en entretien particulier.

Il travaille en liaison avec un graphologue expérimenté lorsque les résultats des tests laissent planer un doute. Finalement, Marc se construit un petit réseau de clients fidèles. Il est ainsi fort satisfait de continuer à être utile aux autres, tout en étant lui-même agréablement occupé.

L'activité de conseil exige une longue pratique

À l'usage des jeunes ingénieurs, il est bon de rappeler un truisme : l'ingénieur-conseil ne peut être qu'un homme largement expérimenté. Sauf exception rarissime, ce n'est jamais avant une quarantaine d'années qu'une telle activité peut être envisagée. D'une façon générale, ce n'est qu'à partir de cinquante ans que des ingénieurs peuvent faire profiter les industriels de leur expérience.

Que les jeunes ne plongent pas dans cette activité comme bouée de secours quand la durée du chômage devient insupportable. La recherche de clients est longue, le marché encombré de cabinets d'ingénieurs-conseils fleurissant dans toutes les spécialités, technique, finance, marketing, relations sociales, recrutement… Il y en a des milliers ! Se faire un nom, une réputation, prend des années : c'est une période de vaches maigres à affronter !

«Many are called,
but few are chosen»[1]

Ceci est particulièrement valable pour le métier d'ingénieur-conseil.

1. «Beaucoup d'appelés, peu d'élus.»

Marc Vernon a conseillé à ses filles de lire énormément, dès leur enfance. À une dizaine d'années, elles avaient déjà pris connaissance de certaines œuvres de Jules Verne, Alexandre Dumas, La Fontaine, Daudet, Hugo, Pagnol...
L'un de leurs souvenirs pendant les fêtes de Noël : à la télévision, *Cyrano de Bergerac*, d'Edmond Rostand, interprété par le regretté Daniel Sorano.
Marc et son épouse se sont efforcés de leur faire visiter des musées et particulièrement celui du Louvre, de les inciter à choisir de bons films, à assister à des concerts classiques, à voir des pièces théâtrales intéressantes.
Marc a toujours aimé taquiner la muse en ponctuant de poésies les divers événements de famille. L'une des premières qu'il écrivit fut d'ailleurs destinée à Simone le jour de leurs fiançailles. D'autres furent élaborées pour le mariage de leurs filles, marquer un anniversaire, envoyer les vœux familiaux.
Tout en se promenant à la nuit tombante dans ce parc de la cité universitaire, Marc se demande si l'éducation que Simone et lui ont donnée à leurs filles a été suffisamment surveillée, attentive et libre à la fois. Difficile alchimie, délicat dosage ! Il y eut aussi des leçons de piano, des séances d'équitation... Honnêtement, ils ont fait de leur mieux. Marc se rend compte maintenant que son épouse leur a consacré l'essentiel de son temps : il est réellement heureux du résultat qu'elle a obtenu, alors que lui-même était trop souvent absent. Ses filles doivent beaucoup à leur mère, et en sont bien conscientes.
Marc Vernon repasse lentement devant le pavillon international de la cité universitaire. Dans quelques minutes, il arrivera sur le boulevard Jourdan. La nuit noire est trouée de quelques flaques lumineuses projetées par les hauts lampadaires. Depuis le matin de ce dimanche automnal un peu triste, esseulé à Paris, loin de sa famille, Marc est venu retrouver sa jeunesse et se remémorer sa vie d'homme et sa carrière d'ingénieur.
Un bilan ? Sans doute...

Son adolescence fut merveilleuse grâce à la profonde fraternité l'unissant à ses camarades, durant les quatre années d'études passées à l'École nationale supérieure d'arts et métiers, où théorie et pratique s'équilibrent harmonieusement.
Sa vie d'homme a été bien remplie. Il a fondé une famille finalement heureuse, formé avec son épouse un couple uni, transmis à ses enfants un flambeau de tolérance, de droiture.
Sa carrière d'ingénieur s'est révélée attachante, fondée sur la joie d'innover, de générer du travail, d'animer des équipes de collaborateurs autour d'une mystique commune : le développement de l'entreprise en tant que pôle économique indispensable à la société.
Marc a-t-il tout réussi ? Oh, certes non. Il aurait pu...
Pas de regrets stériles. La vie est un combat. Il a fait front de son mieux. Quelques vers lui traversent l'esprit :

«Ceux qui vivent, ce sont ceux qui luttent; ce sont
Ceux dont un dessein ferme emplit l'âme et le front,
Ceux dont le cœur est bon, ceux dont les jours sont pleins,
Ceux-là vivent, Seigneur ! Les autres, je les plains.
Car de son vague ennui le néant les enivre,
Car le plus lourd fardeau, c'est d'exister sans vivre»[1].

Marc Vernon va désormais vivre paisiblement sa retraite.

1. Victor Hugo dans *Les Châtiments*.

S'IL TE PLAÎT... DESSINE-MOI D'AUTRES INGÉNIEURS

La carrière de Marc Vernon est achevée. Nous en avons suivi toutes les phases, les péripéties, depuis sa recherche de stages au cours de ses études, jusqu'à sa fonction de manager dans une grande multinationale, sans oublier son passage à la tête d'une PME ni son rôle d'ingénieur-conseil.

Il est vrai qu'il s'agit là d'une odyssée particulière. D'innombrables parcours différents ont été empruntés par bien d'autres ingénieurs. Les uns sont devenus de remarquables directeurs techniques, les autres des directeurs de production efficaces, beaucoup ont coopéré avec succès à la recherche et au développement de produits nouveaux, certains ont adopté la voie de l'enseignement. Il en est même qui ont embrassé des carrières atypiques, financières par exemple. Et tant d'autres dont les cursus sont spécifiques, parfois très originaux, voire hors du commun, brillantissimes.

Dans *Le Petit Prince* de Saint-Exupéry, l'aviateur en panne dans le désert rencontre un enfant tombé du ciel; celui-ci lui demande : «Dessine-moi un mouton.» Devant les essais successifs, le Petit Prince réagit :

– Non, celui-là est déjà malade.

– Non, ce n'est pas un mouton, c'est un bélier.

– Non, celui-ci est trop vieux !

L'aviateur, impatient, dessine alors un simple parallélépipède, et lance à l'enfant :

– Ça, c'est la caisse. Le mouton que tu veux est dedans.

Il est alors un peu surpris de voir s'illuminer le visage de son jeune juge :

– C'est tout à fait comme ça que je le voulais, s'écrie le Petit Prince.

En commençant le présent ouvrage, l'auteur a bien failli dessiner également une caisse dans laquelle tout un chacun aurait placé l'ingénieur de son choix ou de ses rêves. En cette hypothèse, il aurait eu à définir l'enveloppe des caractéristiques de tous les ingénieurs, leurs dénominateurs communs, leurs analogies, leurs divergences, leurs savoir-faire, leurs cursus…

Mais il eût fallu du génie pour brosser un tel tableau. C'est pourquoi il a préféré dessiner un seul ingénieur, celui qu'il connaît le mieux...

«Ma vie est la vôtre, votre vie est la mienne.
On se plaint quelquefois des écrivains qui disent "moi".
Parlez-nous de nous ! leur crie-t-on…
Hélas, quand je parle de moi, je vous parle de vous !
Ô insensé, qui crois que je ne suis pas toi»[1].

Marc Vernon vous a parlé de lui.

1. Victor Hugo.

ANNEXE

L'ingénieur humaniste

Rappelons ici la signification de l'humanisme :

«C'est une position philosophique
qui met l'homme et les valeurs humaines
au-dessus de toutes les autres valeurs»
(Encyclopédie Larousse).

Littérature, poésie, théâtre, religion, politique, idéologie, histoire, arts, font partie de ces valeurs humaines. L'humaniste cherche donc à s'en approcher, à les étudier, à les connaître, à en imprégner sa vie dans la mesure du possible.

La culture générale s'acquiert essentiellement par un effort personnel, beaucoup plus que par des cours magistraux. Comme de tels cours ne sont pas professés dans la plupart des écoles d'ingénieurs, et que les élèves de ces établissements s'intéressent aux technologies et aux sciences beaucoup plus qu'à la littérature par exemple, la culture générale de bien des jeunes diplômés est insuffisante.

Nietzsche[1] a remarquablement défini la culture :

«C'est un effort sur soi-même
pour s'approprier la raison.»

Kant[2] avait écrit un siècle plus tôt :

«Produire, dans un être raisonnable, l'aptitude
générale aux fins qui lui plaisent, est la culture.»

1. Friedrich Nietzsche (1844-1900) : philosophe allemand de la volonté de puissance, auteur notamment de *Par-delà bien et mal.*

2. Emmanuel Kant (1724-1804) : philosophe allemand, auteur notamment de la *Critique de la raison pure* et de la *Métaphysique des mœurs.*

L'ingénieur doit donc se cultiver essentiellement par lui-même. Il ne doit jamais perdre de vue que la culture est un facteur important de réussite.

Cette culture ne doit pas se limiter aux techniques et aux sciences. Elle doit être également linguistique, économique, politique et littéraire. Une bonne culture générale permettra à l'ingénieur de penser juste, d'analyser finement et d'opérer des synthèses fiables, de comprendre correctement les autres, d'atteindre à la philosophie, c'est-à-dire à la sagesse, de prôner la tolérance, de goûter les arts, de devenir ce qu'il est convenu d'appeler un esprit éclairé. Une bonne culture constitue une aide précieuse pour réussir une carrière. Penser juste, vite et bien, c'est se faire apprécier de sa hiérarchie.

Savoir rédiger un rapport synthétique, user d'un style élégant, d'une syntaxe sans failles, faire montre d'une orthographe impeccable, cela devrait être à la portée de tous les ingénieurs ! Savoir parler en public, être apte à communiquer, s'exprimer aisément, être habile à faire passer des messages, à transmettre des connaissances, ce sont encore des qualités qui devraient être l'apanage des responsables, des chefs...

Sans aller jusqu'à se montrer brillant en société, un homme cultivé intéresse ses partenaires par la pertinence de ses propos, la finesse de ses observations, la justesse de ses thèses, l'étendue de ses connaissances, l'originalité de ses concepts. Faire, par exemple, du commerce, c'est d'abord se vendre soi-même. C'est savoir être agréable aux autres, retenir leur attention, capter leur bienveillance, leur faire abandonner toute méfiance, bénéficier de leur sympathie. C'est être psychologue. La culture aide à l'acquisition de la psychologie par la connaissance de l'humain qu'elle confère.

Il est donc conseillé aux jeunes de lire énormément les auteurs classiques, les grands romanciers, les écrivains contemporains couronnés par le Goncourt, le Fémina, le Théophraste Renaudot, l'Interallié..., et autres prix littéraires. C'est essentiellement par la lecture que se constituent de vastes connaissances. Il ne faut pas non plus dédaigner de fréquenter les musées, les expositions, d'aller au théâtre, d'assister à des concerts, d'écouter des conférences. Ce sont des sources inépuisables de savoir permettant de s'éduquer progressivement aux arts : peinture, sculpture, architecture, musique...

Tout cela pour compléter l'éducation d'un ingénieur ? Est-ce réellement sérieux ? N'y a-t-il pas ici quelque exagération ? Certes non. À la fin de leurs études, les ingénieurs reçoivent un diplôme attestant du niveau de leurs connaissances. Ils partent donc de la même base, sur la même ligne, à partir de starting blocks identiques. Pourquoi les uns développeront-ils une brillante carrière, d'autres effectueront-ils un parcours moyen, et certains d'entre eux échoueront-ils presque complètement ? Qui réussira ?

Bien sûr les plus travailleurs, les plus doués, les plus tenaces, les plus enthousiastes, les plus habiles, mais aussi les plus cultivés, ceux que leur personnalité fera émerger du lot !

Gilbert Rutmann (X - Mines), président du CNISF, souhaite que l'ingénieur ne soit pas «un technicien étroit, un scientiste absurde, un technocrate sans cœur».

Au contraire, selon Aristote[3], il est nécessaire «d'avoir le sens de ce qui est possible, de ce qui est bon, et le sens des limites».

L'écrivain Michel Serres, membre de l'Académie française, professeur à Paris I Panthéon-Sorbonne, va plus loin quand il écrit :

> «Les littéraires sont des cultivés ignorants,
> les scientifiques sont des experts incultes.»

Yves Geniffey, de l'école des Mines de Nancy, sous une forme différente, prône également l'humanisme pour les ingénieurs :

---

3. Aristote (384-322 av. J.-C.) : philosophe et naturaliste grec, élève de Platon, fondateur du Lycée, précepteur d'Alexandre le Grand.

«On ne peut agir dans le monde moderne
sans comprendre comment il fonctionne;
il ne faut pas oublier que nous fabriquons des citoyens.
Le sens critique est une nécessité en démocratie
et les humanités ne peuvent que l'encourager.»

Selon Henri Fayol[4] :

«Manager, c'est savoir, prévoir, organiser,
commander, coordonner, et contrôler.»

Il est bien évident qu'un cadre qui a «fait ses humanités», selon l'expression consacrée, sera plus apte à réussir dans des fonctions de direction d'entreprise qu'un expert inculte. Le général De Gaulle a d'ailleurs remarquablement énoncé ce qu'il pensait à ce sujet :

«La culture générale,
c'est la véritable école du commandement.»

Il est souhaité des ingénieurs qu'ils aient un meilleur sens de la communication, qu'ils soient plus ouverts sur l'extérieur, qu'ils fassent preuve de plus d'assurance et de plus d'aisance comportementale. Comment progresser sur ce chemin, si ce n'est par une culture générale plus solide, par un éclectisme intellectuel plus large ?

Rappelons le résultat d'une enquête encore récente menée par *L'Usine nouvelle*. À la question : «Sur quels critères les entreprises sont-elles le plus exigeantes à l'embauche des cadres ?», 84 % des entreprises interrogées ont répondu la personnalité, 75 % la compétence, 30 % le diplôme. Ce sont bien les composantes de la personnalité qui intéressent au premier chef les employeurs.

---

4. Henri Fayol (1841-1925) : ingénieur français, auteur d'une doctrine de gestion de l'entreprise.

La culture générale pèse lourd dans l'évaluation de la personnalité. Comment parfaire sa culture ? Grâce à un moyen mnémotechnique simple, le mot LEVIER : Lire, Écouter, Voir, Interroger, Étudier, Réfléchir.

- Lire des revues scientifiques et techniques, des essais, des biographies, des romans modernes, des auteurs classiques.
- Écouter des conférences, des émissions culturelles à la radio, des concerts.
- Voir de bons films, des pièces de théâtre, des émissions de télévision valables, visiter des pays étrangers.
- Interroger des professeurs, des journalistes, des politiques, des écrivains, des artistes.
- Étudier la philosophie, l'histoire, les langues étrangères et tant d'autres disciplines.
- Réfléchir, c'est-à-dire d'abord comprendre, puis approfondir, et enfin synthétiser.

Ces approches culturelles sont-elles compatibles avec la charge de travail pesant généralement sur les épaules d'un ingénieur en pleine activité ? C'est ici une question d'organisation, d'efficacité et de volonté. L'avion, le train, permettent la lecture. La plupart des week-ends restent malgré tout disponibles, en tout cas en grande partie. Rien n'empêche d'en profiter pour lire et acquérir force connaissances nouvelles, pour visiter un musée, aller au théâtre.

C'est un peu plus formateur que d'être vautré dans son fauteuil devant la télévision, en zappant d'un quelconque western à des jeux de hasard abêtissants.

«Seek and you will find»[5].

Si réellement vous désirez améliorer le niveau de vos connaissances, si vous êtes décidés à acquérir une culture générale étendue, si vous voulez devenir un ingénieur huma-

5. «Cherchez et vous trouverez.»

niste, vous n'aurez aucune difficulté à découvrir vos sources d'information. Mais attention :

«La culture c'est comme la confiture.
Moins on en a, plus on l'étale.»

Félicitations à l'humoriste qui a lancé cette plaisanterie, qui recouvre d'ailleurs une réalité bien connue ! Il s'agit donc d'acquérir le plus possible de culture, pour ne point avoir à l'étaler, mais simplement pour en user à bon escient, sans pédantisme excessif.

Nous sommes tous attirés par les personnalités charismatiques. Nous sommes fascinés par les tribuns instruits. Nous admirons l'aisance de certains orateurs à la télévision. Nous sommes frappés par les «formules chocs» lancées par des hommes éminents, économistes, journalistes, politiques, ecclésiastiques, artistes...

Pourquoi ne pas essayer, en tant qu'ingénieurs, d'avoir aussi notre originalité ? De nous élever au-dessus du commun par notre humanisme, plutôt que de nous limiter à nos sciences et à nos technologies ?

Le général De Gaulle, dans l'une de ces formules à l'emporte-pièce dont il avait le secret, a parfaitement résumé ce qu'il pensait du poids de la personnalité, quand il s'est écrié :

«L'important n'est pas de sortir de Polytechnique,
l'important, c'est de sortir de l'ordinaire !»

L'ingénieur du futur

D'après Chantal Cumunel, présidente de l'Apec[1] :

> «Les cadres ont su accompagner la mutation
> d'un mode de commandement autoritaire
> vers un management plus participatif.»

L'ingénieur du futur devra donc aimer et savoir convaincre pour obtenir le consensus de son équipe.

«Jusqu'à présent, on travaillait dans une filière précise de métier, signale Pierre Gosset (Ch. 67), directeur des ressources humaines (DRH) de Peugeot. Aujourd'hui, on est amené à quitter sa direction pour faire partie d'une équipe pluridisciplinaire.» C'est souligner la mobilité fonctionnelle que les ingénieurs devront accepter, et même provoquer :

> «Sur quarante ans de carrière, chaque cadre
> changera au moins trois fois de métier»,

précise Michel Bon, président de France Télécom, ex-directeur de l'ANPE.

Cette mobilité s'accentuera au fur et à mesure que le nombre de salariés sous contrat à durée indéterminée (CDI) diminuera, au profit des contrats à durée déterminée et des professions libérales. Certaines prévisions pour le début du siècle prochain font état du ratio d'un tiers pour les emplois en CDI et deux tiers pour les autres emplois, CDD et professions libérales.

Christian Quintard, DRH de Mitsubishi Electric France, rappelle que nous sommes sur un marché très fluctuant :

---

1. Apec : Association pour l'emploi des cadres.

«Il faut des gens capables de réagir vite
et de s'acclimater à d'autres modes de raisonnement,
à d'autres cultures que les leurs.»

C'est le critère d'adaptabilité qui primera de plus en plus dans l'avenir.

Les ingénieurs devront faire preuve d'ouverture culturelle envers l'étranger, car les accords, alliances, joint-ventures internationaux se multiplieront. Ils auront donc à s'exprimer correctement en plusieurs langues : l'anglais, sûrement l'espagnol, et probablement une langue du Sud-Est asiatique. Yves Cannac, patron de la Cegos[2], prévoit que les cadres «auront à apporter davantage de souplesse, d'adaptabilité, de compétences humaines, relationnelles et managériales». Il y aura une émergence de l'intelligence collective, c'est-à-dire de l'art de travailler en équipe et en réseau. D'après Christian Jungling (Crédit agricole) :

«Le cadre devra agir comme un catalyseur d'énergie.
Il devra apprendre à connaître ses troupes
afin de mettre en valeur
ce qu'il y a de positif dans les individus.»

Curiosité pour l'environnement, initiative, autonomie et mobilité, sens critique sont des caractéristiques de plus en plus souhaitées pour les ingénieurs du futur. Ils devront être capables de manager, d'animer, de communiquer, de gérer des budgets, cela impliquant des compétences pédagogiques s'ajoutant à leurs connaissances techniques.

Un nouveau concept apparaît : «l'employabilité» des ingénieurs. Alliés à des compétences techniques, à l'expertise, ce sont l'enthousiasme et la capacité d'adaptation à des environnements culturels et techniques différents. Il est par ailleurs reconnu que plus les cadres seront mobiles, plus ils dévelop-

---

2. Cegos : Commission générale des organisations scientifiques.

peront leur employabilité. Faculté d'anticiper, art du dialogue, négociation permanente, réactivité, volonté d'entreprendre, flexibilité, sont aussi des qualités souvent évoquées quand il est question du profil de l'ingénieur de demain.

Citons Xavier Karcher, vice-président des Automobiles Citroën :

«L'ingénieur anime des équipes.
Je ne crois plus du tout à l'ingénieur en chef qui sait tout.
Le manager de projet doit se tenir au courant,
être curieux de tout, savoir discerner par sa culture technique
ce qui aboutira à une percée ou à une impasse,
afin de pousser l'équipe dans le sens optimal.
L'ouverture d'esprit et la curiosité de ce qui se passe
en dehors de ses métiers de base
sont les qualités essentielles de l'ingénieur.»

La formation actuelle des ingénieurs, c'est «l'école de la certitude». Dans quelques années, il leur sera demandé, au contraire, de savoir changer complètement de style, de savoir être dans l'entreprise, et de modifier leur comportement selon les circonstances. Ce sera la «culture du doute» en permanence. D'où la nécessité de posséder un minimum de formation en sciences humaines.

L'industrie aura besoin de leaders créatifs et visionnaires. Il leur faudra innover, convaincre et mobiliser les énergies autour de nouveaux projets. Ce seront des communicateurs, sensibles à l'économie de marché, ouverts sur l'international et aptes à résoudre les problèmes sociaux. Plus encore, selon Pierre Gosset :

«Il leur faudra communiquer leur flamme,
leur enthousiasme, transmettre leur énergie,
se révéler rigoureux, tenaces, persévérants,
courageux, aptes à décider, à assumer
les conséquences de leurs actions.»

Rappelons les cinq critères de sélection adoptés par le jury d'une école supérieure française, préfigurant clairement certaines des caractéristiques de personnalité définissant les ingénieurs du XXIe siècle :

- la morale, c'est-à-dire la capacité à inspirer confiance, à être ressenti comme fiable et sincère,
- l'affectivité ou encore l'aptitude à plaire, séduire, entraîner et faire adhérer les autres,
- le caractère, c'est-à-dire la volonté, la capacité à faire face, à s'adapter,
- la créativité et l'imagination, voire l'intuition ou l'instinct,
- l'intelligence et la mémoire, avec les capacités d'analyse et de synthèse associées.

Un ingénieur adapté à toutes les entreprises

Il existe un parallèle frappant entre la fonction de chef de projet en grande entreprise et d'animateur d'une PME-PMI. Ces deux activités requièrent des hommes de la même trempe, des capitaines-animateurs-coordinateurs d'équipe. Sans qu'ils sachent tout résoudre, il leur faut être suffisamment polyvalents pour tout comprendre et faire adopter les meilleures décisions, qu'elles soient techniques, commerciales, financières, juridiques ou sociales.

Il faut donc apprendre à l'ingénieur qu'il ne peut pas être au courant de toutes les sciences, qu'il doit de ce fait savoir chercher à l'extérieur les compétences lui faisant défaut. Les écoles d'ingénieurs qui sauront évoluer, s'adapter aux exigences du monde actuel, anticiper la demande du XXIe siècle, seront plus aptes à forger un tel profil et elles alimenteront alors en animateurs de valeur aussi bien les grandes entreprises que les PME-PMI.

Dans le but de disposer de personnalités, de tempéraments adaptables, modelables, évolutifs, il serait souhaitable que les concours d'entrée des grandes écoles d'ingénieurs soient complétés par un entretien devant un jury de deux ou trois personnes, comme celui que pratiquent certaines grandes écoles commerciales. Il ne serait pas choquant, de surcroît, que les candidats bénéficient de la mesure de leurs atouts innés et acquis, grâce à des tests scientifiquement valables, afin d'être employés de manière optimale par l'industrie.

La psychométrie permet de mieux orienter les candidats, et de sélectionner ceux qui possèdent réellement les capacités attendues d'un ingénieur.

«The proof of the pudding is the eating»[1].

Il faut se doter des moyens de disposer d'ingénieurs adaptés aux impératifs du siècle à venir.

1. «La fin justifie les moyens.»

La sagesse par les proverbes

Le lecteur a rencontré au fil des pages de nombreux proverbes volontairement présentés en anglais. Il a suffisamment été rappelé que la maîtrise de cette langue est obligatoire dans la carrière d'un ingénieur. Il ne faut donc pas s'imaginer que nous avons en France l'exclusivité des proverbes, bien que monsieur de La Fontaine ait apporté une contribution indéniable à ce qui constitue l'un des fondements de la logique et de la sagesse populaire.

Une liste complémentaire de proverbes utilisés par les Anglais et les Américains est présentée ci-après, avec une traduction en aucun cas littérale, mais reprenant la formulation connue dans la langue française. Il est assez intéressant de constater les différences entre les métaphores employées, d'apprécier la poésie émanant de certains aphorismes, et de découvrir l'ingéniosité des images utilisées.

La connaissance de ces proverbes, sans être évidemment d'une importance première, apportera un petit «plus» aux ingénieurs qui les utiliseront à bon escient pour mieux illustrer leur pensée. Leurs partenaires étrangers, anglais et américains tout particulièrement, y seront sensibles.

- He came, he saw, he conquered : Veni, vedi, vici.
- Out of sight, out of mind : Loin des yeux, loin du cœur.
- Thorns live and roses die : Les épines vivent et les roses meurent.
- What is done cannot be undone : Ce qui est fait est fait.
- There is no good crying about spilt milk : Rien ne sert de se lamenter devant le fait accompli.

- What you win on the swings you lose on the roundabouts : Ce qu'on gagne d'une part est perdu de l'autre.
- Pick and choose, and take the worst : Qui trop choisit prend le pire.
- A fish and a guest both smell after three days : Un poisson et un invité sentent mauvais après trois jours.
- A good defence is a good offence : La meilleure défense, c'est l'attaque.
- The devil finds work for idle hands to do, *ou* Idle time is devil's time : L'oisiveté est la mère de tous les vices.
- Idle folks have least leisure : Les gens inoccupés ont le moins de loisirs.
- Familiarity breeds contempt : La familiarité engendre le dédain.
- One man's meat is another man's poison : Ce qui est bon pour l'un est mauvais pour l'autre.
- A burnt child dreads the fire, *ou* Once bitten, twice shy : Chat échaudé craint l'eau froide.
- When the USA sneeze, Europe catches a cold : Quand les USA éternuent, l'Europe attrape froid.
- Little strokes fell great oaks : Les petits ruisseaux font les grandes rivières, *ou* Petit à petit l'oiseau fait son nid.
- Talk of angels and you will hear the flutter of their wings : Quand on parle du loup, on en voit la queue.
- A bird in hands is worth two in the bush : Un «tiens» vaut mieux que deux «tu l'auras».
- Don't count your chickens before they are hatched : Il ne faut pas vendre la peau de l'ours avant de l'avoir tué.
- Giving is better than promising : Donner vaut mieux que promettre.
- Grasp all, loose all : Qui trop embrasse mal étreint.
- Man proposes, God disposes : L'homme propose et Dieu dispose.
- Never put off till tomorrow what you can do today : Ne remettez pas à demain ce que vous pouvez faire aujourd'hui.
- Money never hurts, *ou* Store is no sore : Abondance de biens ne nuit pas.

- Money is the root of all evils : L'argent est source de tous les maux.
- Short reckonings make long friends : Les bons comptes font les bons amis.
- It is better to be envied than piteed : Il vaut mieux faire envie que pitié.
- Money has no smell : L'argent n'a pas d'odeur.
- Money begets money : L'argent attire l'argent.
- There are worse things than losing money : Plaie d'argent n'est pas mortelle.
- Advisers run no risks : Les conseillers ne sont pas les payeurs.
- Silence is golden : Le silence est d'or.
- Silence gives consent : Qui ne dit mot consent.
- Liars need good memory : Il faut bonne mémoire après qu'on a menti.
- The less one thinks, the more one speaks : Moins on pense, plus on parle.
- The early bird catches the worm : La fortune sourit à celui qui se lève tôt.
- A bad workman always blames his tools : Un mauvais ouvrier a toujours de mauvais outils.
- Help yourself and heaven will help you, *ou* God helps him who helps himself : Aide-toi, le ciel t'aidera.
- You have made your bed, now sleep in it : Quand le vin est tiré, il faut le boire, *ou* Comme on fait son lit, on se couche.
- When in doubt, wait : Dans le doute, abstiens-toi.
- Let sleeping dogs lie : Ne réveillez pas le chat qui dort.
- Who only hears a part hears nothing : Qui n'entend qu'une cloche n'entend qu'un son.
- Live and learn, time will show : Qui vivra verra.
- You can't judge a book by its cover : L'habit ne fait pas le moine.
- Gently does the trick : Plus fait douceur que violence.
- Bad news travel fast : Les mauvaises nouvelles vont vite.

Quelques aphorismes savoureux d'Auguste Detœuf

Il a déjà été fait référence, précédemment, au livre remarquable et délicieux écrit par un polytechnicien, *Propos de O.L. Barenton, confiseur*. Cet ouvrage a été publié en janvier 1958 par les éditions du Tambourinaire, puis repris par les Éditions d'organisation. Préfacé par Pierre Brisson[1] après la mort de Detœuf en 1947, c'est un splendide recueil que les ingénieurs devraient tous connaître, car il s'agit de l'œuvre d'un praticien moralisant malicieusement autour de sa profession d'industriel. Saillies, bons mots, boutades, vérités incisives, clins d'œil, «c'est un alliage, selon Pierre Brisson, auquel le lecteur français demeure le plus sensible : celui de l'ironie, de la bonne grâce, de la culture et du jugement».

Pour profiter un peu de l'esprit qui souffle dans l'œuvre de Detœuf, sont ici reproduits un certain nombre de maximes, théorèmes, aphorismes qui pourront donner un aperçu de l'incomparable talent de cet industriel écrivain.

Mais il est surtout conseillé de lire ce recueil, disponible dans toutes les librairies.

- Un idiot riche est un riche.
  Un idiot pauvre est un idiot.

- Un aventurier est toujours de bas étage. S'il était de haut étage, ce serait un homme d'affaires.

---

1. Pierre Brisson (1896 - 1964) : journaliste et critique, P-DG du journal *Le Figaro*.

- «Les économistes ont raison, disait un homme de bourse : le capital est du travail accumulé. Seulement, comme on ne peut pas tout faire, ce sont les uns qui travaillent et les autres qui accumulent.»

- «Mieux vaut, disait un banquier, investir une place forte qu'un capital. Il est arrivé qu'une place investie se soit rendue; un capital investi ne se rend jamais.»

- L'intérêt général n'a jamais vraiment été défini que par Pascal. «C'est, dit-il, un cercle dont le centre est partout, la circonférence nulle part.»

- Pour développer l'industrie dans un pays, on dit qu'il faut y créer des besoins. Mais ce sont les besoins des femmes auxquels il faut s'attacher. C'est parce qu'on avait offert une pomme à la première femme, et que la femme y avait pris goût, que l'homme a été condamné au travail. Et ce jour-là naquit l'ère du progrès.

- L'Anglais est un praticien qui n'a pas de théories; l'Allemand, un théoricien qui applique ses théories; le Français, un théoricien qui ne les applique pas.
  C'est ce qu'on appelle, chez nous, avoir du bon sens.

- Le Français est un paresseux qui travaille beaucoup; l'Anglais, un paresseux qui ne fait rien; l'Allemand, un travailleur qui se donne du mal; l'Américain, un travailleur qui sait s'arranger pour ne pas faire grand'chose.

- Les hommes se répartissent naturellement en trois classes : les vaniteux, les orgueilleux et les autres.
  Je n'ai jamais rencontré les autres.

- Le conseil d'administration est l'antichambre du cimetière. Mais c'est une antichambre si bien chauffée...

- Un ingénieur ne doit pas être amoureux : l'amour conduit aux fautes de calcul. L'industriel avisé facilite le mariage de ses ingénieurs, et leur offre une pleine lune de miel : il a ainsi devant lui quelques années de calculs exacts.

- Le grand industriel devine les hommes, d'un coup d'œil. Il n'arrive jamais à comprendre les femmes.
Les femmes, d'ailleurs, ne le lui demandent pas.

- On croit d'abord qu'on travaille pour soi; on se figure ensuite qu'on travaille pour sa femme; on est persuadé plus tard qu'on travaille pour ses enfants; on s'aperçoit en fin de compte que, pendant tout le temps, on a travaillé pour travailler.

- Les mobiles qui font agir le savant, l'artiste et l'industriel ne diffèrent guère. Et pourtant, il arrive que le peuple croie que le savant et l'artiste ont travaillé pour lui; il n'arrive jamais qu'il le pense de l'industriel. C'est pourquoi les premiers peuvent espérer la gloire, tandis que le dernier ne peut compter que sur la publicité.

- On peut réussir dans l'industrie par intelligence, par habileté ou par hasard. Mais on ne réussit pas sans travail. Tous les grands maîtres de l'industrie ne sont pas intelligents; tous ne sont pas habiles; tous ne sont pas veinards - mais tous sont de grands travailleurs.

- Pensez toujours que l'homme avec qui vous discutez est plus intelligent que vous, mais qu'il a moins de volonté.

- Un industriel ne prend jamais sa retraite : c'est une machine à broyer du travail, qui se fausse dès qu'on l'arrête, mais qui ne s'arrête pas toujours quand elle est faussée.

- L'ouvrier ne vend que son corps; le technicien ne vend que son cerveau; le commerçant vend son âme.

- On appelle cahier des charges un volume destiné à définir une commande, qui est établi par l'acheteur et dans lequel tout est prévu, sauf la bonne foi du vendeur.

- En affaires comme ailleurs, entre deux solutions qui paraissent indifférentes, c'est le sentiment qui décide. Le déjeuner d'affaires est utile, à cause de la relation qui unit les sentiments et l'estomac.

- Ne vous plaignez jamais du client à caractère difficile, car il est la cause de vos progrès. Traitez les autres mieux encore : ils sont la raison de vos bénéfices.

- On rencontre quelquefois dans les affaires des gens qui ne sont pas officiers de la Légion d'honneur. Il ne faut pas les mépriser; ils le deviendront.

- Évitez ceux qui parlent de leur honnêteté : ils vous roulent. Traitez avec qui se vante d'avoir roulé autrui : c'est qu'il n'en a pas l'habitude.

- L'industriel qui se plaint de la concurrence est un enfant qui se plaint de son maître. Il lui reproche de le punir; il ne mesure pas les progrès qu'il lui doit.

- Personne ne croit aux experts, mais tout le monde les croit.

- J'ai souvent vu des techniciens avoir des avis contraires, je n'en ai jamais vu avoir tort.

- Le personnage essentiel d'une industrie, c'est le contremaître. Il faut cinq ans pour faire un ouvrier; dix ans pour faire un ingénieur; vingt ans pour faire un contremaître.

- L'homme qui fuit les responsabilités fera peut-être une fortune; il ne fera jamais une œuvre.

- Efforcez-vous de ne jamais embaucher quelqu'un sur des renseignements, si bons qu'ils soient. Engagez-le pour une période d'essai : ce n'est pas au pied du mur qu'on connaît le maçon, c'est tout en haut.

- «Il y a trois manières de se ruiner, disait le grand Rothschild : le jeu, les femmes - et les ingénieurs. Les deux premières sont plus agréables - mais la dernière est plus sûre.»

- De quelque façon et par quelque moyen qu'on décompose une collectivité en groupes (choix, ancienneté, examens, concours, tirage au sort), dans les divers groupes, la proportion des imbéciles est la même.

- Le gadzarts sait beaucoup et sait qu'il le sait.
  L'X ne sait rien et sait qu'il ne sait rien.
  Le centralien ne sait pas grand'chose et croit qu'il sait tout.

- Bon sens et logique : un chef.
  Bon sens sans logique : un employé.
  Logique sans bon sens : une catastrophe. De là, l'échec de beaucoup de polytechniciens.

- Il y a trois sortes d'êtres au langage mystérieux.
  Les plus aisés à comprendre sont les Fous, puis viennent les Polytechniciens, et enfin les Comptables.

- Le comptable se figure qu'il dirige la maison parce qu'il fait les comptes. Il est probable que le phare qui éclaire la route se figure qu'il conduit l'automobile.

- Qui craint d'avoir des collaborateurs éminents n'est pas un chef.

- Une mauvaise publicité pour vendre un bon produit : de l'argent gâché. Une bonne publicité pour vendre un mauvais produit : de l'argent fichu.

- Il n'est pas difficile dans une industrie de faire le nécessaire; mais c'est en faisant le superflu qu'on gagne de l'argent.

- Traitez les hommes comme des machines, ils rendent le nécessaire; traitez-les comme des hommes, peut-être en obtiendrez-vous le superflu.

- Si vous voulez qu'un de vos seconds soit un chef, ne le traitez pas en esclave.

- Si vous avez des doutes sur la façon dont vous devez juger un homme, invitez-le chez vous et fiez-vous à ce que vous en dira votre femme.
  Mais si votre femme connaît sa femme, ne vous y fiez plus.

- L'autorité n'appartient pas au titre, mais à l'homme. Quand un chef vous demande un titre plus sonore pour acquérir de l'autorité, refusez-le lui et, si vous le pouvez, ôtez-lui ses fonctions : il ne commandera jamais.

- On a souvent plus de peine à persuader ses inférieurs qu'à convaincre ses supérieurs. Il est vrai qu'on s'y donne moins de mal.

- Que l'ouvrier pense à son travail,
  le contremaître, au travail du lendemain,
  le chef d'atelier, à celui du mois suivant,
  le chef de service, à l'année qui vient,
  le directeur, à ce qu'on fera dans cinq ans.

- On est sûr qu'une maison marche bien du jour où chacun de ceux qui y sont employés raconte à ses amis que c'est lui qui la fait marcher.

- Pour que vos employés s'entendent, arrangez-vous pour que les femmes s'ignorent.

- L'idée est peu : la volonté est tout. Des idées ? On en trouve tant qu'on en veut, plus qu'on n'en veut. En France, tout le monde en crée, en transporte, en offre à qui en a besoin et à qui n'en a cure. Des volontés, depuis Diogène, on n'en a pas trouvé beaucoup.

- Évitez que votre personnel ne passe son temps à rendre compte des choses qu'il aurait pu faire, s'il n'avait pas été obligé de rendre compte.

- Il est bon que le subordonné dise un peu de mal de ses chefs : c'est une marque d'intérêt à l'affaire. Il est mauvais qu'il en dise trop : c'est une marque de découragement.

- Essayez d'enfoncer dans la tête de vos ingénieurs cette idée : quand un client se plaint, il y a quatre-vingt-dix-neuf chances sur cent pour qu'il ait raison. Et si un jour vous parvenez à les convaincre, il y aura quatre-vingt-dix-neuf chances sur cent que les clients ne se plaignent plus.

- Il est heureux que la proportion des gens intelligents soit faible; si tous l'étaient, rien ne serait plus possible.

- Si la première initiative d'un collaborateur est malheureuse, félicitez-le d'avoir osé; si la seconde l'est aussi, invitez-le à réfléchir avant d'agir; mais si la troisième initiative l'est encore, prenez vous-même celle de lui ôter son poste.

- Si vous voulez qu'un homme vous consacre tout son temps, préférez un homme marié à un célibataire. Car le premier peut s'employer uniquement à gagner de l'argent, puisque sa femme se charge de le dépenser. Tandis que le célibataire, obligé de tout faire par lui-même, doit répartir son activité entre le gain et la dépense.

Remerciements

• Pour les encouragements qui m'ont été prodigués :
Robert Bellier (Ai. 44), Marcel Bontoux (Ai. 63), Christophe Buzit (An. 92), Bernard Deray (Pa. 48), Pierre Gaudin (Ai. 56), Denis Igert (Ch. 88), Jacques Pagliero (Li. 56), Stéphane Paris (Ch. 91), Alexandre Pierre (Ch. 90), Claude Prud'hon (Ch. 58), Jean Truffy (An. 47), Jean Vuillemin (Pa. 40).

• Pour les suggestions qui m'ont été communiquées :
Jean Briola (Li. 49), Jean Carayon (Ai. 54), Florence Heaulmé, Paul Vibert (psychologue).

• Pour la dactylographie et la fabrication de cet ouvrage :
Régine Boilloz, Nicole Feller, Jocelyne Lemoine.

• Pour les conseils et l'appui que j'ai reçus :
Jacqueline Delatte, rédacteur en chef de la revue Arts et Métiers Magazine, à qui j'exprime plus spécialement ma reconnaissance pour l'intérêt qu'elle a porté à ce livre dès sa conception et pour son active et précieuse participation à sa mise en forme finale, ainsi qu'à Odile Jacquemin, une de ses collaboratrices, pour ses avis pertinents et son travail de mise en page.

Table des matières

Réalisation Arts et Métiers Magazine

Achevé d'imprimer le 23 mai 1997
sur les presses de l'Imprimerie Alençonnaise.

Dépôt légal 2e trimestre 1997